深度学习算法应用

算法应用

故障诊断与寿命预测

姜广君 ◎著

化学工业出版社

·北京·

内容简介

本书主要介绍了深度学习算法的基本原理和常用模型，包括卷积神经网络（CNN）、残差卷积神经网络（RCNN）、孪生神经网络（SNN）、生成对抗网络（GAN）等。深入探讨了深度学习算法在故障诊断领域的应用，针对机械设备中常见的轴承故障，介绍了一系列基于深度学习算法的故障诊断模型，对故障特征进行提取和识别，能够实现对机械设备故障类型的准确分类和定位。在寿命预测方面，本书详细介绍了基于深度学习算法的剩余寿命预测方法，并应用在轴承和刀具的剩余寿命预测中。通过对这些模型的结构、特点和适用场景的详细阐述，读者可以全面了解深度学习算法在故障诊断和寿命预测中的应用基础。

本书是一部具有学术价值和实践指导意义的专著，是作者多年科研成果的结晶。本书可供高校机械工程、计算机科学及相关专业的研究人员使用，特别是对于从事机械设备故障诊断和寿命预测工作的工程师和研究人员来说，本书是一本极具参考价值的书籍，也适合对深度学习感兴趣的科研人员和工程师参考。

图书在版编目（CIP）数据

深度学习算法应用：故障诊断与寿命预测 / 姜广君著． -- 北京：化学工业出版社，2024．11． -- ISBN 978-7-122-35923-0

Ⅰ．TP181

中国国家版本馆CIP数据核字第20242H7Q40号

责任编辑：韩霄翠
责任校对：宋　玮　　　　　　　装帧设计：王晓宇

出版发行：化学工业出版社
　　　　　（北京市东城区青年湖南街13号　邮政编码100011）
印　　装：北京科印技术咨询服务有限公司数码印刷分部
710mm×1000mm　1/16　印张14　彩插2　字数250千字
2025年1月北京第1版第1次印刷

购书咨询：010-64518888　　　　　售后服务：010-64518899
网　　址：http://www.cip.com.cn
凡购买本书，如有缺损质量问题，本社销售中心负责调换。

定　　价：98.00元　　　　　　　　　　版权所有　违者必究

前言
PREFACE

　　随着工业4.0和智能制造的快速发展，现代工业系统变得越来越复杂，机械设备的高精度和高效率成为生产过程中的关键要素。然而，这些设备在长时间运行过程中难免会出现故障，这不仅会影响生产效率和产品质量，还可能导致严重的安全事故和经济损失。因此，如何快速、准确地诊断设备故障并进行寿命预测，成为工业生产中亟待解决的问题。深度学习作为人工智能领域的重要分支，以其强大的数据处理和模式识别能力，为故障诊断和寿命预测提供了新的思路和方法。

　　基于上述背景，笔者编写了本书。本书主要包括5章内容：在绪论部分，介绍了深度学习的基本概念，强调了故障诊断和寿命预测的重要性，并概述了深度学习的基本理论方法，包括经典的LeNet-5网络模型、CNN、RCNN、SNN、LSTM、BNN和迁移学习等。第2章到第4章主要介绍了深度学习算法在故障诊断中的应用。其中，第2章专注于卷积神经网络在故障诊断中的应用。例如FECNN模型能够解决在逐层学习故障特征过程中丢失隐藏在高维空间故障特征问题。MECNN模型如何提升被噪声污染样本的诊断能力。1DLSCNN模型可以弥补现有故障诊断方法针对强噪声的故障诊断上的不足。ADR-MCNN模型提高了在多工况条件下的准确率。第3章专注于介绍残差神经网络在故障诊断中的应用。包括基于BN的RCNN故障诊断，基于GAP的LWRCNN故障诊断等。设计了一种基于AdaBN和Dropout算法S-LWRCNN模型，并通过仿真验证AdaBN和Dropout算法对增强S-LWRCNN模型的泛化能力的增强效果，使S-LWRCNN模型具有较强的抗噪能力和变速自适应能力。第4章主要介绍应用孪生神经网络解决小样本或样本不足情况下的故障诊断方法。WSCSN模型能够解决训练样本稀缺条件下识别精度低这一问题。GAPCSN模型可以弥补现有故障诊断方法在鲁棒性与泛化能力上的不足。TICSN模型无论是对含有噪声的样本、新故障样本、新工况故障样本均能表现出较好的识别精度与稳定性，而 MT-CNN 模型在故障数据不足条件下有较好的特征提取能力和故障识别能力，且该模型利用两个多尺度核之间的权值共享在一定程度上可以实现优势互补，提升模型的鲁棒性和准确性。第 5 章内容专注于设备剩余寿命预测。先后介绍如何利用 CNNLSTM 模型实现空间特征提取，挖掘振动信号中的时间序列特征。在 BNN 架构下设计了一种包括认知不确定性和偶然不确定性的 BayesLSTM 模型，可以提高高速轴承 RUL 预测较使用 LSTM 神经网络的准确度。最后介绍的 BLSTM 模型，其网络特征自适应提取能力在监测数据量日趋庞大的时代具有很好的应用前景。

最后，要特别感谢那些为本书编写过程中提供支持和帮助的人。感谢研究生帮忙进行资料搜集、整理工作。

笔者已经尽力做到最好，但书中难免存在不足之处。诚挚地欢迎广大读者朋友提出宝贵的意见和建议。

姜广君

2024 年 6 月

目录
CONTENTS

第 1 章

绪论

1.1 深度学习基本概念

随着我国推进能源结构低碳化转型，在《"十四五"现代能源体系规划》中要求全面推进风力发电大规模发展，而齿轮箱的滚动轴承作为风电机组高质量发电的重要零件，随着运行环境（极端温度、盐雾、暴雪、暴雨）与工况的频繁变化，齿轮箱滚动轴承的负载和转速处于非平稳、非线性变化，从而出现损坏，不能工作，并造成企业经济损失。在美国能源部对风电机组的故障统计中，风电机组系统中滚动轴承故障约占总故障的76%[1]。因此齿轮箱滚动轴承作为风电机组的主要动力传动零件，其健康状态对风电机组的安全稳定运行和发电效率至关重要。随着数字化技术对接工业设备的快速发展，基于深度学习的方法发挥着极其重要的作用，如故障预测与健康管理（prognostics and health management，PHM）技术包括智能故障诊断方法、智能预测剩余寿命方法、维护决策等方法，它们都被广泛应用于风电机组的日常运维中，其利用传感器通过线上或离线收集实时连续的数据信息来获取风电机组的机械设备的运行参数，并利用先进的信号处理算法和技术去监测风电机组的机械设备状态，其监测结果能够及时反馈给工作人员，并帮助工作人员制定相应的维修策略，对于风电机组的机械设备来说，增强了其安全性与可靠性，并降低了因停机造成的经济损失，也为风电机组的机械设备平稳运行提供了有效支撑。因此以风电机组的齿轮箱滚动轴承的故障状态数据为依据，借助深度学习与机器学习等智能数字化技术，实现基于风电机组齿轮箱滚动轴承的故障损伤识别和状态退化预测，对于提高风电企业的生产运营效率和延长机械设备寿命具有重要的意义[2]。

深度学习的训练过程包括前向传播和反向传播两个主要阶段。前向传播是数据通过网络层逐层处理的过程，每一层都对数据进行变换，直至输出层。反向传播则是基于损失函数的结果，通过计算损失相对于各层权值的梯度来调整权值，以最小化预测误差。这种训练机制确保了模型可以从错误中学习并逐步提高其性能。深度学习的关键之一是防止过拟合，即模型在训练数据上表现出色但在未知数据上表现不佳的现象。为了解决这一问题，可以采取正则化技术[3]，如L1和L2正则化，这些技术通过在损失函数中添加惩罚项来限制模型的复杂度。此外，使用如丢弃法（dropout）的技术也能有效防止过拟合，它通过随机地在训练过程中忽略一部分神经元来减少模型的复杂性。深度学习在多个领域中都有广泛的应用，如图像和语音识别、自然语言处理、医学诊断和自动驾驶车辆。这些应用领域中的成功归功于深度学习模型强大的数据表示能力，能够从大量的原始数据中学习复杂的模式和特征。随着计算能力的增强和大数据技术的发展，深度学习能够处理越来越大的数据集，提高模型的准确性和效率。深度学习也面临挑战，如对大量训练数据的需求、计算资源的高消耗和模型解释性的困难。

1.2　故障诊断的重要性

为了满足国家战略的制造需求，更好地实现智能制造，机械设备正朝着高精度、高集成和智能化的方向发展。在机床运行过程中，其工作环境恶劣，常伴有高温、高压、高噪声等，这不可避免地导致其核心系统发生故障。其核心系统发生故障可能会造成一些重大事故，例如经济损失与人员伤亡。因此，为了避免重大事故的发生，保障工作人员的生命与健康，对机床进行故障诊断是非常必要的。在实现智能化的过程中，机床系统逐渐复杂，可实现的功能越来越多，增加了潜在故障发生的风险。在机床的故障统计中，传动系统故障约占总故障的57%[5]。行星齿轮箱作为机床的主要动力传动设备，其健康状态对机床的安全稳定运行至关重要。随着生产环境与工况的频繁变化，机床行星齿轮箱的负载和转速处于非平稳变化，因此其健康状态受到极大的挑战。在传统的轴承故障诊断过程中，需要人工选取故障特征进行轴承故障诊断，不能保证诊断精度，同时耗时较大。随着科学技术的发展，出现了基于时域分析、频域分析的滚动轴承故障诊断方法，但是这些方法依旧不能避免人工干预，选取特征时有一定的主观性。深度学习的发展，使得故障诊断领域对人工的依赖越来越小。由于深度学习在故障诊断领域的表现优异，因此深度学习逐渐出现在滚动轴承故障诊断领域中。深度学习经典网络中的卷积神经网络[6]（CNN）可以实现特征自提取，减少人为干扰，在一定程度上能提高轴承故障诊断效率。在工程实际中，行星齿轮箱的监测数据具有以下特点：①监测数据不平衡。传感器监测的正常状态数据多，故障状态数据少，导致收集的数据中缺失典型的故障特征信息。②监测数据可利用率低。在机床运行过程中，传感器监测的数据中仅有少量标签数据。③监测数据标注费时费力。监测数据往往需要标注健康状态，而标注数据需要人工标注和专家经验。综上原因，导致可应用于故障诊断算法的数据稀缺。因此在数据稀缺条件下，对行星齿轮箱进行故障诊断方法研究，具有极大的工程应用价值以及研究意义。因此，基于深度学习的行星齿轮箱故障诊断方法，提高了故障诊断的效率与精度，降低了对专家知识与经验的过分依赖。然而在立式加工中心工作过程中，传感器对其行星齿轮箱收集的故障数据少且质量低，导致可应用于训练故障诊断模型的数据稀缺。在训练样本稀缺条件下，传统的深度学习模型在训练中易发生过拟合，导致训练的故障诊断模型识别能力差。

1.3　寿命预测的重要性

　　全球风力发电年累计装机容量呈现出蓬勃发展的趋势。不仅绝对数量不断增加，比重也在快速增长。据全球风能理事会统计，过去7年，风力发电占总电力需求的比重从2.3%上升到5.2%，其中风力发电增量几乎相当于2015年全球发电量的一半[4]。到2020年，风力发电可提供2600TWh，约占全球电力供应的12%，并呈上升趋势。预计到2030年，这一比例将达到21.8%。目前，中国风电总装机容量已达148GW左右，新增33GW。预计到2050年，中国风电装机容量将占国内总装机容量的33.8%。大力发展风电可再生清洁能源是实现中国可持续发展战略的必然选择。就风力发电能力而言，中国已成为世界上增长最快的国家之一。

　　随着风力发电需求的不断增加，风力发电机组正逐步向大型和重型发展。此外，随着风机使用寿命的增加和运行环境的恶劣，风机内部部件的性能退化和安全问题也在增加，如疲劳、裂纹、剥落等，如果不及时消除，最终将导致设备停机，甚至造成人员伤亡等安全事故。此外，故障部件的更换和维修难度将不可避免地导致维护和运营成本的增加。风机维护运营成本约占总成本的10%～20%，尤其是在服务中后期，维护运营成本达35%，对于海上风机来说，成本可能更高。低可靠性和高维护成本在一定程度上阻碍了风力发电的发展，也是风电行业面临的新挑战。因此，发展剩余寿命（remaining useful life，RUL）预测技术和方法是提高风电设备可靠性和延长使用时间的关键。

目前，风电行业正在探索提高风机可靠性和最大限度降低维护成本的策略。与后期维护和定期维护相比，基于状态监测的预防性维护可以识别各种风机部件的运行情况，及时评估设备状况，预测可能的故障，减少设备停机时间，这是降低维护成本的必然选择。风力发电机高速轴轴承作为风力发电机的核心部件，其RUL全面反映了其损坏程度。通过对RUL预测技术的研究，可以提前检测风机传动系统的异常状态，预测性能退化[7]。及时、有效地进行维护，可以避免现有故障和缺陷的进一步扩大，防止灾难性事件的发生。采用有效的方法对风机高速轴轴承进行监测，在监测的同时准确预测其RUL，可以最大限度地提高风电机组运行的可靠性，避免轴承损坏引起的连锁反应对风电机组造成损坏，保证其正常的RUL。

综上所述，及时、有效、准确地预测风力发电机高速轴轴承RUL，可以保障风力发电机能够安全可靠高效运行，延长风力发电机工作周期，做到及时更换设备，避免巨大经济损失。因此，以风力发电机高速轴轴承为研究对象，开展RUL预测方法研究具有重大理论意义和实际应用价值。

1.4　深度学习基本理论方法

1.4.1　经典LeNet-5网络模型

LeNet-5网络模型是卷积神经网络的一种基础形式，具体结构如图1-1所示。

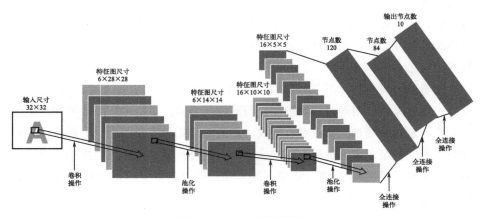

图1-1　LeNet-5模型结构

　　LeNet-5模型的输入层接受输入数据规格为32×32大小的二维图像。第一卷积层包含6个5×5大小的卷积核，通过第一层卷积操作之后，输出数据规格为28×28大小的特征图像。卷积操作的计算公式如公式（1-1）所示：

$$x_j^{\ i} = \int\left(\sum_{i \in M_j} x_i^{l-1} \cdot k_{ij}^{\ l} + b_j^l\right) \tag{1-1}$$

　　式中，l表示层数；k表示卷积核；M_j表示第j个特征图；b表示偏置；$\int$表示卷积层激活函数。

　　第一池化层的池化模块的大小为2×2矩阵，池化步长为2，经过池化操作之后输出数据为6个大小为14×14的特征图，池化操作的计算公式如公式（1-2）所示：

$$x_j^{\ i} = f\left(\beta_j^l f_{\bullet}\left(x_j^{l-1} + b_j^l\right)\right) \tag{1-2}$$

　　式中，$f_{\bullet}$表示池化函数；β与b表示伴随特征图像的特征参数。

　　第二卷积层由16个大小为5×5的卷积核构成，经过第二卷积层的卷积操作之后输出的数据大小为10×10的特征图像。经过第二池化层的池化操作之后输出数据的大小是16个5×5的特征图像。第三卷积层由120个5×5大小的卷积核构成，经过第三卷积层的卷积操作之后输出数据的大小是1×1的特征图像。全连接层由两个网络层构成，经过全连接层之后最终的输出为10个神经元，进行故障分类识别。

1.4.2　卷积神经网络

　　CNN（convolutional neural network）模型主要由输入层、卷积层、池化层、全连接层、输出层构成[8]。CNN模型的内部结构如图1-2所示。

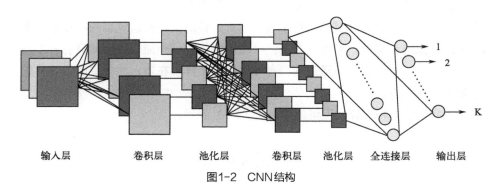

輸入层　　　　卷积层　　　　池化层　　　　卷积层　　池化层　全连接层　输出层

图1-2　CNN结构

原始图片数据首先被随机裁剪成一定尺寸的样本作为CNN模型输入，第一个卷积层通过卷积操作从样本中提取大量的特征并选择出更明显的特征；池化层紧随卷积层，将卷积层选择好的特征降采样；第二个卷积层继续从上一个池化层处理好的特征中提取更深层次的特征，接着再由下一个池化层进行降采样操作；以此往复，直到最后一个池化层结束降采样。卷积层通常和池化层构成一个特征提取块，两者同时出现。在此之后，全连接层对原始样本通过特征提取块的特征进行融合与映射，在网络模型末端添加分类器完成CNN模型对图像的识别。下面详细介绍构成CNN的主要网络层。

1.4.2.1　CNN的主要网络层

（1）卷积层。卷积层由于其内部结构局部连接和权值共享的特性，可以大幅降低网络参数量和加快学习速率。卷积层主要通过卷积操作实现特征提取，具体的实现过程如图1-3所示。

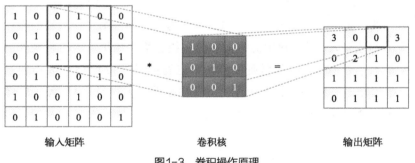

输入矩阵　　　　　　　　卷积核　　　　　　　　输出矩阵

图1-3　卷积操作原理

输入的数据一般可以分为一维和二维两种数据，在输入前需要将目标数据转换成对应的输入矩阵，接着与卷积核进行点积运算，输出该区域对应的卷积值。以滑动窗口的方法移动卷积核和下一个区域进行点积运算后输入对应的卷积值，卷积核在输入矩阵上的覆盖区域被称为感受野。以此往复，直到卷积核与输入矩阵内的所有区域都进行了点积运算。将历次点积运算后的卷积值依次排列，组成输出矩阵。通常情况下，一维数据只有一个通道，因此只有一个输出矩阵，而二维数据是多通道的，有多个输出矩阵，在输入池化层时需要将输出矩阵堆叠起来。

卷积层的点积运算过程可以由公式（1-3）表示。

$$x_j^{l+1} = f\left(\sum_{i \in N^{l-1}} x_i^l \bullet k_{i,j}^{l+1} + b_j^{l+1} \right) \tag{1-3}$$

式中，x_j^{l+1} 表示的是第 $l+1$ 层的第 j 个通道的输出矩阵；N^{l-1} 表示第 $l-1$ 层的通道数；x_i^l 表示第 l 层的第 i 个通道的输出矩阵；$k_{i,j}^{l+1}$ 为第 $l+1$ 层第 j 个卷积核的第 i 个通道的矩阵；b_j^{l+1} 表示第 $l+1$ 层的第 j 个通道输出矩阵的偏置项；$f(\bullet)$ 表示激活函数。

图1-4 池化层原理

（2）池化层。池化层对卷积层的输出矩阵进行降采样操作，减少网络模型参数数量，降低运算复杂度，防止网络发生过拟合。池化层的原理如图1-4所示。

池化层的工作方式和卷积层类似，同样是采样滑动窗口遍历卷积层的输出矩阵，但是和卷积层不同的是，池化层在处理数据特征时不涉及参数，即参数量为零。池化层按照池化方式不同分为最大池化层和平均池化层，最大池化层输出输入矩阵中池化区域的最大值，平均池化输出输入矩阵中池化区域的平均值。池化层的运算过程如公式（1-4）所示：

$$x_i^{l+1} = \mathrm{pooling}\left(x_i^l\right) \tag{1-4}$$

式中，x_i^{l+1} 表示第 $l+1$ 层的第 i 个通道的输入矩阵；x_i^l 表示第 l 层的第 i 个通道的输出矩阵。$\mathrm{pooling}(\bullet)$ 表示池化运算。

（3）全连接层。全连接层（FC）一般出现在网络模型的最后几层，将经过网络前几层提取到的特征进行融合，实现最终的分类任务。全连接层的原理如图1-5所示。

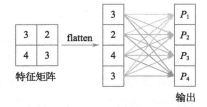

图1-5 FC原理示意图

特征矩阵在输入全连接层前需要将其打平成一维向量，接着全连接层上的所有节点与一维向量相连，因此全连接层涉及的参数量通常是CNN模型中最多的部分[9]。

全连接层的运算过程如公式（1-5）所示。

$$x^l = f\left(W^l x^{l-1} + b^l\right) \tag{1-5}$$

式中，x^l 和 x^{l-1} 分别表示第 l 层和第 $l-1$ 层的输出矩阵；W^l 和 b^l 表示第 l 层的权值矩阵和偏置。

（4）激活函数。CNN中的卷积层和全连接层都需要设置激活函数，在网络中加入非线性因素，增强网络的表达能力，解决线性模型不能解决的问题。常用的激活函数有Sigmoid、ReLU、tanh、Leaky ReLU、ELU等，tanh是Sigmoid的改进版，将Sigmoid的输出范围从（0,1）优化到（-1,1），解决了Sigmoid激活函数均值不为0的问题，但是梯度消失和幂运算的问题依然存在。ReLU和Leaky ReLU缓解了梯度消失的问题，Leaky ReLU虽然解决了ReLU激活函数的Dead ReLU（指的是某些神经元可能永远不会被激活）问题，但是在实际应用过程中并不见得比ReLU优秀。

在CNN模型中，通常会在卷积层和全连接层的后面使用激活函数对结果进行运算，帮助网络学习数据中的复杂映射。不同的激活函数引入的非线性元素不同，使得CNN模型学习到的故障特征也有所区别。将三种不同的激活函数应用于CNN模型中作为集成模型的基学习器，使模型提取到的特征更加丰富。下面介绍常用的三种激活函数：双曲正切函数（tanh）、修正线性单元ReLU（rectified linear unit）和指数线性单元ELU（exponential linear units）。

tanh 激活函数又叫做双曲正切激活函数（hyperbolic tangent activation function，tanh），其数学表达见式（1-6）。其函数图像见图1-6。tanh 激活函数的值域为$(-1,1)$，其能够将上一层的输出压缩至$(-1,1)$之间。

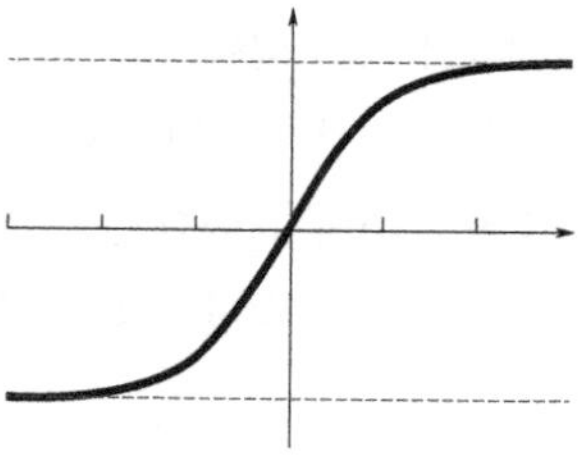

图1-6   tanh 函数图

$$\tanh(x) = \frac{e^x - e^{-x}}{e^x + e^{-x}} \tag{1-6}$$

其特点在于：①负数输入被当作负值，零输入值的映射接近零，正数输入被当作正值[10]；②当输入较大或较小时，输出几乎是平滑的并且梯度较小；③tanh 函数在原点附近与 $y=x$ 函数形式相近，当输入的激活值较低时，可以直接进行矩阵运算，训练相对容易；④存在一定梯度消失的问题。

ReLU（rectified linear unit）函数又称为修正线性单元，是一种分段线性函数。其弥补了 tanh 函数的梯度消失问题，在目前的深度学习领域应用广泛，其数学模型见式（1-7），其函数图像见图1-7。ReLU 函数的值域为$(0,+\infty)$。

$$\mathrm{ReLU}(x) = \max(0, x) \tag{1-7}$$

其特点在于：①当输入为正时，导数为 1，一定程度上改善了梯度消失问题，加速梯度下降的收敛速度。②ReLU 函数中只存在线性关系，因此它的计算速度比tanh 更快。③当输入为负时，ReLU 完全失效，在正向传播过程中，这不是问题。有些区域很敏感，有些则不敏感。但是在反向传播过程中，如果输入负

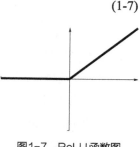

图1-7   ReLU 函数图

数，则梯度将完全为零。④ReLU 函数的输出不以零为中心，ReLU 函数的输出为 0 或正数，给后一层的神经网络引入偏置偏移，会影响梯度下降的效率。

Djork 等针对于 ReLU 函数中存在的部分问题，提出了 ELU 激活函数，该激活函数在 ReLU 函数的基础上引入了负值[5]。其数学模型见式（1-8），其函数图像见图1-8。其值域为 $(-\alpha, +\infty)$。

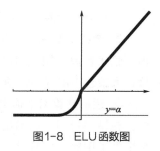

图1-8 ELU 函数图

$$ELU(x) = \begin{cases} x, x > 0 \\ \partial(e^x - 1), x \leq 0 \end{cases} \tag{1-8}$$

其特点在于：①输出的平均值接近 0，以 0 为中心，不存在 ReLU 失效的问题；②ELU 通过减少偏置偏移的影响，使正常梯度更接近于单位自然梯度，从而使均值向零加速学习；③ELU 在较小的输入下会饱和至负值，从而减少前向传播的变异和信息；④计算强度更高，计算量较大。

1.4.2.2 CNN的训练过程

CNN模型是一个监督学习模型，通过学习大量的有标签的样本特征，然后去判别和样本数据分布相同或相似的数据类型。学习的本质是网络模型在一次又一次地重构过程中，通过不断更新网络权值和偏置项，拟合出误差较小的映射。CNN模型的误差通常由损失函数评定，损失函数值指的是网络重构样本过程中，预测值与真实值之间的误差，使用梯度下降法可以降低误差，寻求网络模型最佳参数。

梯度下降法大致分为前向传播和反向传播两个阶段。前向传播主要是通过网络训练前人为设置好的初始参数计算样本的输出值。反向传播则是通过前向传播得到的输出值与样本真实值之间的误差计算网络参数的梯度，同时向梯度相反方向更新参数，旨在减小误差。经过前向传播和反向传播的不断迭代，网络参数不断优化，最终得到最优参数。CNN训练流程如图1-9所示。

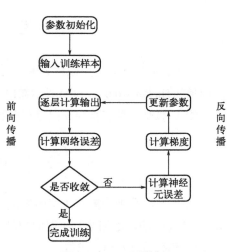

图1-9 CNN训练流程

（1）前向传播主要步骤

① 参数初始化。合理的网络初始参数有利于网络快速收敛，在最短时间内得到最优参数。如果初始参数设置不合理，很容易导致网络在训练过程中因梯度过大或过小出现损失函数值不收敛，无法完成网络训练任务。

② 逐层计算网络输出。在设置好初始参数后，将一定尺寸的样本输入网络中，在网络最后一层输出一个数值。对于分类任务，通常网络最后一层的节点数即为类别数。目前网络最后一层使用最广泛的softmax激活函数，通过分析网络输出值判别类型，此时，网络最后一层的输出值表示网络预测输入样本所属类别的概率。

③ 计算误差。分类网络通常使用交叉熵损失函数计算输入样本预测值与真实值之间误差，误差越小，网络参数越优。交叉熵损失函数的表达式为：

$$E = -\frac{1}{n}\sum_{i=1}^{n}\sum_{j=1}^{C}y_{i,j}\ln a_{i,j}^{\text{out}} \tag{1-9}$$

式中，n表示训练样本的数量；C表示类别数；$y_{i,j}$表示第i样本的真实标签中第j个数值，当该样本属于第j类时$y_{i,j}$的值为1，否则为0；$a_{i,j}^{\text{out}}$表示第i样本对应的输出层第j个神经元的激活值。

（2）反向传播主要步骤[11]。反向传播旨在寻求使交叉熵损失函数值最小的网络参数。它的本质是计算各网络层参数的梯度，计算顺序与前向传播相反。

① 计算输出神经元误差。将前向传播最后输出的总误差求导到输出神经元，计算过程如公式（1-10）所示。

$$\delta = \frac{\partial E}{\partial z^{L}} = \frac{\partial E}{\partial a^{L}} \odot f_{L}'(z^{L}) \tag{1-10}$$

式中，L为网络总层数；z^{L}和a^{L}表示输出层神经元在激活前后的值；$\odot$表示向量的Hadamard积；$f(\bullet)$表示输出层激活函数。

② 计算全连接层神经元误差与参数梯度。

$$\delta^{l} = \left(\frac{\partial z^{l+1}}{\partial z^{l}}\right)^{T} = \left(W^{l+1}\right)^{T}\delta^{l+1} \odot f_{l}'(z^{l}) \tag{1-11}$$

式中，W^{l+1}表示第$l+1$层的权值矩阵；$f_{l}(\bullet)$表示第l层的激活函数；δ^{l}和δ^{l+1}分别表示第l层和第$l+1$层的神经元误差。该全连接层的参数梯度可由公式（1-12）和公式（1-13）求得。

$$\frac{\partial E}{\partial b^{l+1}} = \delta^{l+1} \tag{1-12}$$

$$\frac{\partial E}{\partial W^{l+1}} = \delta^{l+1} \left(a^l\right)^T \tag{1-13}$$

式中，a^l 表示第 l 层神经元激活后的值。

③ 计算池化层神经元误差。池化层不涉及参数，因此在反向传播过程中不需要计算参数梯度，只需传递神经元误差。第一步将全连接层的反向传播误差矩阵还原成池化前数值大小，再依据池化方式确定神经元误差具体的传递路径。池化方式不同，神经元误差的传递方式不同。如果前向传播过程中池化方式为最大池化，那么神经元误差在反向传播过程中只会传递到上一层池化感受野内数值最大的神经元处，而其他位置的神经元误差为 0，如果前向传播过程中池化方式为平均池化，则反向传播过程中神经元误差会被均匀地传递到上一层池化感受野内的所有神经元。池化层神经元误差的计算如公式（1-14）所示。

$$\delta^l = \text{upsample}\left(\delta^{l+1}\right) \odot f_l'\left(z^l\right) \tag{1-14}$$

式中，$\text{upsample}(\bullet)$ 表示池化层上采样，与前向传播过程池化层降采样正好相反，将池化层输出矩阵还原成池化前的输入矩阵，同时确定通过前向传播的池化方式确定反向传播过程中神经元误差传递方式。

④ 计算卷积层的神经元误差和参数梯度。池化层的神经元误差通过反向传播传递到卷积层的神经元，利用卷积层的权值参数即可求出卷积层神经元的误差。卷积层误差计算过程如公式（1-15）所示。

$$\delta^l = \delta^{l+1} * C \odot f_l'\left(z^l\right) \tag{1-15}$$

式中，C 表示将第 l 层卷积层的卷积核旋转 180°。

卷积层参数梯度可以由以下公式计算得出。

$$\frac{\partial E}{\partial W^l} = \delta^{l+1} * a^l \tag{1-16}$$

$$\frac{\partial E}{\partial b^l} = \sum_{h,w} \left(\delta^{l+1}\right)_{h,w} \tag{1-17}$$

式中，h,w 分别表示第 l 层卷积层的输出矩阵的高度和宽度。

1.4.3 残差神经网络

为了解决传统CNN模型因网络层数增多而出现准确率不升反降的问题，在原CNN网络模型中引入残差结构，新的网络被称为残差卷积神经网络[13]（residual convolution neural network，RCNN）。RCNN由普通卷积层、残差块、全连接层构成，其中残差块在网络结构中应用次数最多。残差块结构如图1-10所示。

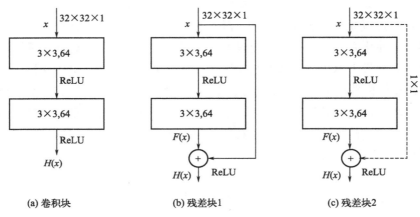

图1-10   卷积块与残差块结构对比

残差块的计算如公式（1-18）所示。

$$F(x) = H(x) - x \tag{1-18}$$

式中，x 为残差块的输入；$H(x)$ 为输出；$F(x)$ 为残差块的学习部分。残差神经网络在训练过程中只需学习输入与输出不同的部分 $F(x)$，这种网络结构不仅解决了网络层数增多而引起的轴承故障诊断准确率降低的问题，同时在训练的过程中所消耗的时间更短[14]。

图1-10（b）和（c）都是残差神经网络的残差块，他们的区别在于旁路连接不同，（b）的旁路连接是一个恒等映射，针对的是残差块的输入维度与输出维度相同；而（c）的旁路连接针对残差块输入维度与输出维度不同，使用一个1×1的卷积层来完成维度变换。需要注意的是，在此1×1卷积层中的步长必须和残差块中卷积层的步长保持一致，否则无法完成输入的维度变换。

1.4.4 孪生神经网络

为了提高算法的识别准确率与泛化能力，深度学习算法通常采用大量的数据样本对模型进行训练，但是当面临少量样本组成的训练集时，深度学习算法却难以达到较好的训练结果[12]。为了解决这类问题，孪生神经网络（siamese neural network, SNN）逐渐受到诸多专家学者们的关注。其能够通过少量含有标签样本的数据，学习分类特征信息，成为解决小样本分类问题的可行方法之一，并被成功地应用于各个领域。

孪生神经网络最早由 Sumit Chopra 等于 2005 年提出，主要应用于解决人脸验证识别。其结构本质是一种连体神经网络，主要包括特征提取与相似性度量两部分。特征提取部分主要的任务是提取输入样本数据中能反应样本类别的关键特征；而相似性度量部分则是对从样本中提取的特征向量进行距离度量，来判断样本之间的相似程度。

孪生神经网络的中心思想是利用两个样本数据通过孪生神经网络的子网络进行特征信息提取，并找寻一个映射函数共享权值（包括权值 w 和偏置 b），提取特征信息后转向低维向量，使用度量方式计算两个低维向量的距离，从而计算两个样本数据之间的相似度，最后进行故障分类识别。

（1）孪生神经网络结构。在实际工程中，由于环境恶劣等方面因素，收集到的数据数量稀少或者数据种类不全，基于该条件下传统机器学习很难解决风电机组故障的分类问题，而孪生神经网络有着结构优势，它利用从样本对中学习的相似性度量来解决分类问题，减少了模型从大量训练样本中提取特征信息，从而减少了对样本数量的需求。而且该模型还能让相同种类的样本接近和不同种类的样本远离的功能。

孪生神经网络结构如图 1-11 所示，样本对中的样本数据 X_1 输入特征提取模块中的子网络，然后获得相对应的特征向量模块中的低维向量 $f(x_1)$。样本对中的另一个样本数据 X_2 同样输入特征提取模块中的另一个子网络，且该网络和样本数据 X_1 输入的子网络具有相同权值，并获得其特征低维向量 $f(x_2)$。再引入距离度量方式来计算两个样本数据 X_1 和 X_2 的相似性，然后使用激活函数输出一个概率值（范围是 $0\sim1$），该值代表输入样本对 X_1 和 X_2 的相似程度。当低维特征向量之间的距离越大时，两样本相似度越低；反之，两样本相似度则越高。图 1-11 中的特征提取模块中两个子网络是共享网络结构和共享参数，保证两个样本从端到端得到相同的映射关系[15]。

（2）距离度量方式

① 欧式距离。作为一种数学方法，其核心原理是样本对输出的向量映射到欧式空间，再计算两个向量之间的直线距离，从而被广泛应用于孪生神经网络中。三维空间中两点的欧氏距离如图 1-12 所示。

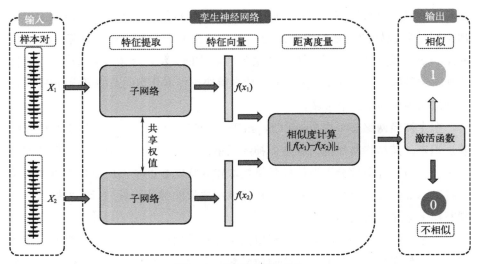

图1-11　孪生神经网络结构

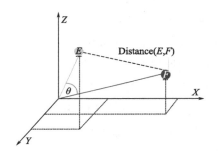

图1-12　三维模型中两点的欧式距离示意图

三维空间中的两点 $E(E_1,E_2,E_3)$ 和 $F(F_1,F_2,F_3)$ 的欧式距离数学模型如式（1-19）所示：

$$\text{Distance}(E,F) = \sqrt{(E_1-F_1)^2 + (E_2-F_2)^2 + (E_3-F_3)^2} \qquad (1\text{-}19)$$

N 维空间中的两点 $E(E_1,E_2,E_3,\cdots,E_n)$ 和 $F(F_1,F_2,F_3,\cdots,F_n)$ 的欧式距离数学模型如式（1-20）所示：

$$\text{Distance}(E,F) = \sqrt{(E_1-F_1)^2 + (E_2-F_2)^2 + (E_3-F_3)^2 + \cdots + (E_n-F_n)^2}$$

$$= \sqrt{\sum_{i=1}^{n}(E_i-F_i)^2} \qquad (1\text{-}20)$$

两个样本的特征向量 $f(x_1)$ 和 $f(x_2)$ 之间的欧氏距离数学模型如式（1-21）所示：

$$ED(x_1, x_2) = \left\| f(x_1) - f(x_2) \right\|_2 = \sqrt{\sum_{i=1}^{n} \left[f\left((x_1)^i\right) - f\left((x_2)^i\right) \right]^2} \qquad (1-21)$$

式中，x_1, x_2 代表的是一个输入样本对；$ED(x_1, x_2)$ 代表的是一个输入样本对特征向量之间的欧氏距离；$f(x_1), f(x_2)$ 代表的是一个输入样本对的特征向量；n 代表的是一个样本对的特征维数；$f\left((x_1)^i\right) - f\left((x_2)^i\right)$ 代表的是一个样本对在特征维数是 i 时的欧式距离差。

② 余弦相似度。作为一种数学方法，其核心原理是样本对输出的向量映射到空间后，利用向量之间的夹角 θ 的余弦值来计算两个向量之间的距离，从而被广泛应用于孪生神经网络中。三维空间中两点的余弦相似度如图1-13所示。

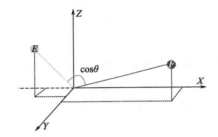

图1-13 三维模型中两点的余弦相似度示意图

三维空间中的两点 $E(E_1, E_2, E_3)$ 和 $F(F_1, F_2, F_3)$ 的余弦相似性距离数学模型如式（1-22）所示：

$$D = \cos\theta = \frac{E_1 F_1 + E_2 F_2 + E_3 F_3}{\sqrt{E_1^2 + F_1^2} + \sqrt{E_2^2 + F_2^2} + \sqrt{E_3^2 + F_3^3}} \qquad (1-22)$$

N 维空间中的两点 $E(E_1, E_2, E_3, \cdots, E_n)$ 和 $F(F_1, F_2, F_3, \cdots, F_n)$ 的余弦相似性距离数学模型如式（1-23）所示：

$$D = \cos\theta = \frac{E_1 F_1 + E_2 F_2 + E_3 F_3 + \cdots + E_n F_n}{\sqrt{E_1^2 + F_1^2} + \sqrt{E_2^2 + F_2^2} + \sqrt{E_3^2 + F_3^2} + \cdots + \sqrt{E_n^2 + F_n^2}}$$

$$= \frac{\sum\limits_{i=1}^{n} E_i F_i}{\sqrt{\sum\limits_{i=1}^{n} E_i^2} \sqrt{\sum\limits_{i=1}^{n} F_i^2}} \qquad (1-23)$$

两个样本的特征向量 $f(x_1)$ 和 $f(x_2)$ 之间的余弦相似性距离数学模型如式（1-24）所示：

$$\cos(x_1, x_2) = \|f(x_1) - f(x_2)\|_2 = \frac{\sum_{i=1}^{n}\left(f(x_1)^i\right)\left(f(x_2)^i\right)}{\sqrt{\sum_{i=1}^{n}\left(f(x_1)^i\right)}\sqrt{\sum_{i=1}^{n}\left(f(x_2)^i\right)}} \tag{1-24}$$

式中，x_1, x_2 代表的是一个输入样本对；$\cos(x_1, x_2)$ 代表的是一个输入样本对特征向量之间的余弦相似性距离；$f(x_1), f(x_2)$ 代表的是一个输入样本对的特征向量；n 代表的是一个样本对的特征维数；$\dfrac{\left(f(x_1)^i\right)\left(f(x_2)^i\right)}{\sqrt{\left(f(x_1)^i\right)}\sqrt{\left(f(x_2)^i\right)}}$ 代表的是一个样本对在特征维数是 i 时的余弦相似性距离差。

③ 曼哈顿距离。作为一种数学方法，其核心原理是样本对输出的向量映射到空间后，利用向量点分别投射到空间直角坐标系上，并将所有投射到空间直角坐标系上的距离加起来计算两个向量之间的距离，从而被广泛应用于孪生神经网络中。三维空间中两点的曼哈顿距离如图1-14所示。

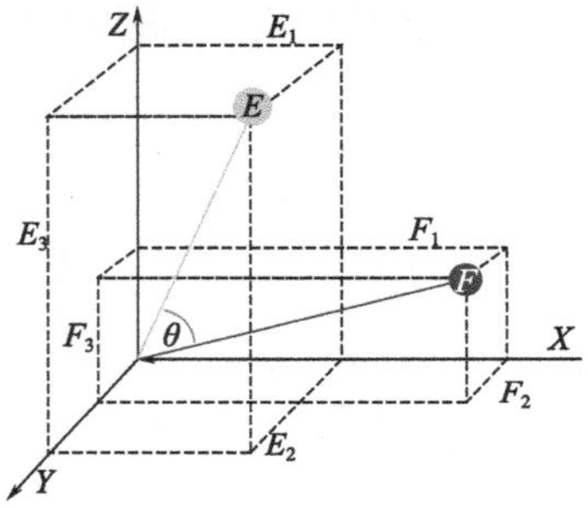

图1-14　三维模型中两点的曼哈顿距离示意图

三维空间中的两点 $E(E_1, E_2, E_3)$ 和 $F(F_1, F_2, F_3)$ 的曼哈顿距离数学模型如式（1-25）所示：

$$D = |E_1 - F_1| + |E_2 - F_2| + |E_3 - F_3| \tag{1-25}$$

N 维空间中的两点 $E(E_1, E_2, E_3, \cdots, E_n)$ 和 $F(F_1, F_2, F_3, \cdots, F_n)$ 的曼哈顿距离数学模型如式（1-26）所示：

$$D = |E_1 - F_1| + |E_2 - F_2| + |E_3 - F_3| + \cdots + |E_n - F_n| = \sum_{i=1}^{n}|E_i - F_i| \tag{1-26}$$

两个样本的特征向量 $f(x_1)$ 和 $f(x_2)$ 之间的曼哈顿距离数学模型如式（1-27）所示：

$$MHD(x_1, x_2) = \|f(x_1) - f(x_2)\|_2 = \sum_{i=1}^{n}\left|\left(f(x_1)^i\right) - \left(f(x_2)^i\right)\right| \tag{1-27}$$

式中，x_1, x_2 代表的是一个输入样本对；$MHD(x_1, x_2)$ 代表的是一个输入样本对特征向量之间的曼哈顿距离；$f(x_1), f(x_2)$ 代表的是一个输入样本对的特征向量；n 代表的是一个样本对的特征维数；$\left|\left(f(x_1)^i\right) - \left(f(x_2)^i\right)\right|$ 代表的是一个样本对在特征维数是 i 时的曼哈顿距离差。

1.4.5　长短时记忆神经网络（LSTM）

循环神经网络（recurrent neural network，RNN）可以同时考虑到当前与过去两个时期的存储信息[16]，并对其进行预测，克服传统神经网络无法对过去的历史数据进行有效挖掘的缺陷。RNN能够看成是一个网络的多重拷贝，它的循环结构如图1-15所示。图中：$(x_0, x_1, \cdots, x_t)$ 为输入序列信息；$(h_0, h_1, \cdots, h_t)$ 为对应时刻的状态向量；每一层神经网络中的记忆细胞

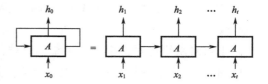

图1-15　循环神经网络结构

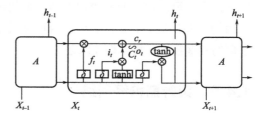

图1-16　LSTM结构

由 A 表示。一层RNN由输入层、隐藏层及状态层组成。RNN存在相应的记忆能力，但其存在训练困难、梯度扩散、梯度爆发等缺点，使得RNN不能很好地解决长时间依赖性问题[17]。

为了能够更好地提取状态监测数据中的时间序列信息，对传统的RNN网络展开优化，构建了LSTM网络。LSTM网络的隐藏层采用长时存储模块，其中存储模块包括3个控制阈值和1个细胞结构。如图1-16所示，记忆细胞主要以矩形方框来表达，f_t 代表遗忘门，i_t 代表输入门，o_t 代表输出门。

LSTM网络层以训练样本滑动窗口的特征序列为输入，然后通过多个LSTM网络，能够连接全连接层。在第 n 层的LSTM网络中第 t 时间周期中，周期神经元的状态可以用式（1-28）、式（1-29）和式（1-30）表示：

$$c_t^{(n)} = f_t^{(n)} \odot c_{t-1}^{(n)} + i_t^{(n)} \odot \tilde{c}_t^{(n)} \tag{1-28}$$

$$h_t^{(n)} = o_t^{(n)} \odot \tanh\left(c_t^{(n)}\right) \tag{1-29}$$

$$\begin{bmatrix} i_t^{(n)} \\ f_t^{(n)} \\ o_t^{(n)} \\ \tilde{c}_t^{(n)} \end{bmatrix} = \begin{bmatrix} \sigma \\ \sigma \\ \sigma \\ \tanh \end{bmatrix} \begin{bmatrix} W_{i,x}^{(n)} & W_{i,h}^{(n)} \\ W_{f,x}^{(n)} & W_{f,h}^{(n)} \\ W_{o,x}^{(n)} & W_{o,h}^{(n)} \\ W_{\tilde{c},x}^{(n)} & W_{\tilde{c},h}^{(n)} \end{bmatrix} \begin{bmatrix} h_t^{(n-1)} \\ h_{t-1}^{(n)} \end{bmatrix} \tag{1-30}$$

最后一层LSTM网络的输出见式（1-31）：

$$y_{\text{LSTM\_out}} = \text{ReLU}\left(\omega h_t^n + b\right) \tag{1-31}$$

式中，h_t^n 为第 n 层 LSTM 网络的第 t 时刻的短期记忆；ω 为权值矩阵；b 为偏置。

LSTM 网络在对模型进行训练的时候，其传播方向主要是以时间轴为主，根据前向运算对各节点的输出展开计算，如果达到某一条件，便会终止训练，如果没有达到某一要求，则进行迭代。该方法通过训练，能够对时序数据进行特征提取，反映出在时间域内的轴承退化过程，因此能较好地预测出目前时刻以后的时间序列[18]。LSTM 可以合理地处理好循环神经网络在长序列训练时，出现的梯度丢失、梯度爆炸问题。

1.4.6　贝叶斯神经网络

贝叶斯神经网络（BNN）是传统深度学习模型在概率上的一种拓展，它既保持了传统深度学习模型的网络结构，又具有模块化和可扩展性的特点。与传统模型不同，BNN 使用随机变量来替代模型参数，通过贝叶斯理论对样本集进行分析，从而对样本集上的不确定性进行定量描述。

给定训练样本 X 和 Y，则 BNN 由一个参数空间上的先验分布 $p(\omega)$ 以及一个贝叶斯回归的似然函数 $L(Y|X,\omega) = \prod\limits_{i=1}^{N} l\left(y^i \mid f^\omega\left(x^i\right)\right)$ 构成 $y = f^\omega(x)$，本节使用高斯分布 $l\left(y^i \mid f^\omega\left(x^i\right)\right)$。该模型参数 ω 独立于训练输入样本 X，通过联合学习 X 和 Y 可以对 BNN 模型进行训练。由贝叶斯定理，模型参数的后验分布为式（1-32）：

$$p(\omega|X,Y) = \frac{p(\omega)\prod\limits_{i=1}^{N} l\left(y^i \mid f^\omega\left(x^i\right)\right)}{\int p(\omega)\prod\limits_{i=1}^{N} l\left(y^i \mid f^\omega\left(x^i\right)\right)\mathrm{d}\omega} \tag{1-32}$$

基于 $p(\omega|X,Y)$，BNN 模型 $y = f^\omega(x)$ 可用于不确定性量化。假设新观测到的状态监测数据 $\hat{x}$ 在时间 t 获得，那么可以用公式 $p(\hat{y}|\hat{x},X,Y) = \int l\left(\hat{y} \mid f^\omega(\hat{x})\right) p(\omega|X,Y)\mathrm{d}\omega$ 预测设备的寿命终止时间 $\hat{y}$。

在已有的深度学习框架下，建立一个深度 BNN 并不困难，但 BNN 的推理比较复杂，变分推断（variational inference，VI）采用一种假定的简单的概率分布来逼近实际的概率分布，从而降低了计算量。并且 VI 具有更高的运算速度，更适合于大尺度的情况。VI 是一种利用最优解来近似复杂分布的算法，已在许多实际应用中得到证实，并已被广泛应用于许多领域。BNN 最大的困难是针对

$p(\omega|X,Y)$ 的计算难度，尤其是对于具有复杂网络和高维度数据的目标，该问题更为突出。为解决这一难题，其核心思路是利用一种容易被估计的概率分布去近似实际的后验分布，即所谓的变分分布。要完成 VI，一般需要两个步骤[19]：

① 选择由 $\varnothing$ 进行参数化的概率分布族 $q_\varnothing(\omega)$ 作为变分分布族。

② 最小化 $q_\varnothing(\omega)$ 和 $p(\omega|X,Y)$ 相对于 $\varnothing$ 的 KL 散度（Kullback-Leibler divergence）来找到最佳的变分分布。KL 散度为式（1-33）：

$$\mathrm{KL}\big(q_\varnothing(\omega)\,\|\,p(\omega|X,Y)\big)=\int q_\varnothing(\omega)\log\frac{q_\varnothing(\omega)}{p(\omega|X,Y)}\mathrm{d}\omega \tag{1-33}$$

将式（1-32）代入得：

$$\mathrm{KL}\big(q_\varnothing(\omega)\,\|\,p(\omega|X,Y)\big)=\int q_\varnothing(\omega)\log\frac{q_\varnothing(\omega)}{p(\omega)}\mathrm{d}\omega-\sum_{i=1}^{N}\int q_\varnothing(\omega)\log\big(l\big(y^i\big)\,|\,f^\omega\big(x^i\big)\big)$$
$$\mathrm{d}\omega+\log\left(\int p(\omega)\prod_{i=1}^{N}\big(l\big(y^i\big)\,|\,f^\omega\big(x^i\big)\big)\mathrm{d}\omega\right) \tag{1-34}$$

式中，$\int q_\varnothing(\omega)\log\dfrac{q_\varnothing(\omega)}{p(\omega)}\mathrm{d}\omega$ 为 $q_\varnothing(\omega)$ 和 $p(\omega|X,Y)$ 之间的散度，记作 $\mathrm{KL}\big(q_\varnothing(\omega)\,\|\,p(\omega)\big)$；$\sum\limits_{i=1}^{N}\int q_\varnothing(\omega)\log\big(l\big(y^i\big)\,|\,f^\omega\big(x^i\big)\big)\mathrm{d}\omega$ 为相对于 $q_\varnothing(\omega)$ 的期望对数似然。想要最小化散度 $\mathrm{KL}\big(q_\varnothing(\omega)\,\|\,p(\omega|X,Y)\big)$，需要最小化 $\mathrm{KL}\big(q_\varnothing(\omega)\,\|\,p(\omega)\big)$ 和最大化 $\sum\limits_{i=1}^{N}\int q_\varnothing(\omega)\log\big(l\big(y^i\big)\,|\,f^\omega\big(x^i\big)\big)\mathrm{d}\omega$。由于样本 X 和 Y 的数据量通常非常庞大，另外模型 $y=f^\omega(x)$ 通常情况下复杂度也比较高，所以最大的难点就是处理 $\sum\limits_{i=1}^{N}\int q_\varnothing(\omega)\log\big(l\big(y^i\big)\,|\,f^\omega\big(x^i\big)\big)\mathrm{d}\omega$。采用一种数据二次采样策略和再参数化技巧，其中数据二次采样策略记为 $\mathrm{KL}\big(q_\varnothing(\omega)\,\|\,p(\omega|X,Y)\big)\propto E_S\big[\hat{C}(\varnothing,S)\big]$，其中 $\hat{C}(\varnothing,S)$ 由式（1-35）计算得到。

$$\hat{C}(\varnothing,S)=\mathrm{KL}\big(q_\varnothing(\omega)\,\|\,p(\omega|X,\ Y)\big)-\frac{N}{Q}\sum_{i\in S}\int q_\varnothing(\omega)\log\big(l\big(y^i\big)\,|\,f^\omega\big(x^i\big)\big)\mathrm{d}\omega \tag{1-35}$$

式中，$\int q_\varnothing(\omega)\log\big(l\big(y^i\big)\,|\,f^\omega\big(x^i\big)\big)\mathrm{d}\omega$ 由再参数化技巧计算。$q_\varnothing(\omega)$ 通过确定性的可微分变换 $\omega=g(\phi,\varepsilon)$ 进行再参数化，得到 $q(\varepsilon)$ 为无参数分布方便计算。式（1-36）通过高斯转换可得 $\mathrm{KL}\big(q_\varnothing(\omega)\,\|\,p(\omega|X,Y)\big)\propto E_{S,\varepsilon}\big[\hat{D}(\varnothing,S,\varepsilon)\big]$，

其中 $\hat{D}(\varnothing, S, \varepsilon)$ 为：

$$\hat{D}(\varnothing, S, \varepsilon) = \mathrm{KL}\left(q_{\varnothing}(\omega) \| p(\omega)\right) - \frac{N}{Q} \sum_{i \in S} \log\left(l\left(y^{(i)} | f^{g(\varnothing, \varepsilon)}(x^i)\right)\right) \tag{1-36}$$

使用随机优化器来最小化以获得最佳的 $\varnothing^*$，通过使用 $q_{\varnothing^*}(\omega)$ 近似 $p(\omega|X,Y)$，通过 BNN 学习得到 $\hat{y}$ 对于给定 $\hat{x}$ 的预测为：

$$p(\hat{y} | \hat{x}, X, Y) = \frac{1}{K} \sum_{k=1}^{K} l\left(\hat{y} | f^{\hat{\omega}_k}(\hat{X})\right), \hat{\omega}_k \sim q_{\varnothing^*}(\omega) \tag{1-37}$$

1.4.7 迁移学习

迁移学习的域是学习的主体，它是由数据产生的概率分布；任务是学习的目标，主要由标签与标签对应的函数组成。迁移学习能够呈现下述表达：给定具有标注的源域 $D^s = \{X_s, P_s(X)\}$ 和不具备标注的目标域 $D^t = \{X_t, P_t(X)\}$，该两域具有差异化的数据分散，即 $P^s(X_s) \neq P^t(X_t)$。迁移学习的主旨便是运用具备标签的源域数据 D^s，从而实现学习目标域 D^t。

领域自适应是迁移学习中的一个重要研究方向，主要关注特征空间和类别空间的一致性，特征空间的非一致性。领域自适应主要包括以下两种策略[20]。

① 引入度量尺度函数，通过最小化源域与目标域之间的度量函数值来实现缩小数据分布差异。常用的度量函数有最大均值差异（max mean discrepancy, MMD）、KL 散度和 CORAL 等。本研究采用 MMD 作为度量函数。MMD 是由 Borgwardt[21] 等人提出的一个准则，用于比较在再生核希尔伯特空间（reproducing Kernel Hilbert space，简称 RKHS）中分布的差异。即 MMD 通过将目标域和源域的数据映射到同一个 RKHS 空间，然后计算这两部分数据映射后的均值差异，以此作为衡量两个数据集差异的依据。在最大均值差异中，源域样本 $\{x_i^s\}$ 由边缘分布 $\{P_S(x, y)\}$ 采样得到的，目标域样本 $\{x_i^t\}$ 是从边缘分布 $\{P_t(x, y)\}$ 采样所获取。MMD 度量通常被定义为：

$$\mathrm{MMD}_H(p, q) \triangleq \left\| E_p\left[\phi(x_i^s)\right] - E_q\left[\phi(x_i^t)\right] \right\|_H^2 \tag{1-38}$$

式中，$\phi(x_i^s)$ 和 $\phi(x_i^t)$ 为非线性特征映射函数，它将原始的特征映射到了 RKHS 中；H 为具有特征核的 RKHS；p 和 q 为两种概率分布。

② 生成对抗网络（generative adversarial nets, GAN）的对抗策略，即添加域分类模块，使其不能分清楚数据是来自源域还是目标域，从而学习到域不变

特征[22-23]。本研究的任务是，利用有标签的数据D^s与部分无标签的辅助数据D^t去学习一个分类器$f:x_t \rightarrow y_t$来提高目标域上的预测精度。

　　GAN的网络结构如图1-17所示[24]，主要部分包括了生成器和辨别器，生成器产生与训练数据具有同样分布的样本，而辨别器则能够对当前的样本是真实的样本，还是由生成器产生的样本进行鉴别，并将当前的数据属于真实的样本的概率进行输出。生成器与辨别器互相对抗，不断地调整参数，直至达到纳什均衡为止，这时辨别器不能分辨出是由生成器产生的样本还是真正的数据。

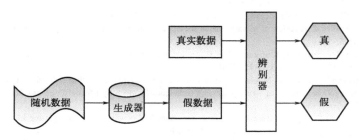

图1-17　GAN网络结构

　　GAN训练过程如图1-18所示。其中，点线代表实际数据分布，实线表示产生样本的数据分布，虚线代表判别器，最下方水平线代表的是输入生成器的随机噪声Z，其上方的水平线表示真实样本X，由Z向X箭头表示噪声数据经过生成器之后的映射$X=G(Z)$。图1-18（a）表示初始训练时，生成器产生的数据与实际数据的分布有很大差别，而且产生的结果的概率非常不稳定，这就表明了辨别器对实际数据以及生成样本的识别是困难的；图1-18（b）表示固定生成器优化辨别器，通过训练后辨别器已经能够较好地分辨两类样本；图1-18（c）表示固定辨别器训练生成器，使得辨别器无法区分生成样本和真实样本，在此过程中，生成器生成的数据分布与真实数据的分布越来越接近；图1-18（d）表示网络结构及参数经过不断地迭代更新，最终生成器的数据分布与真实数据分布完全重合，辨别器无法分辨真实样本与生成样本，此时辨别器的输出$D(x)=1/2$。

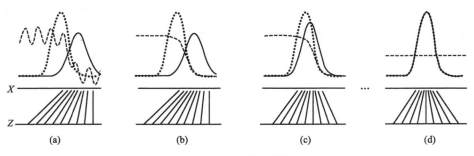

|　(a)　　　　　　(b)　　　　　　(c)　　　　　　(d)|

图1-18　GAN训练过程示意图

参考文献

[1] Azevedo H D, Araújo A M, Bouchonneau N. A review of wind turbine bearing condition monitoring: State of the art and challenges[J]. Renewable and Sustainable Energy Reviews, 2016, 56: 368-379.

[2] Stetco A, Dinmohammadi F, Zhao X, et al. Machine learning methods for wind turbine condition monitoring: A review[J]. Renewable energy, 2019, 133: 620-635.

[3] Dai J, Yang X, Wen L. Development of wind power industry in China: A comprehensive assessment[J]. Renewable and Sustainable Energy Reviews, 2018, 97: 156-164.

[4] 张玉表. 风电场风电机组中风力发电机的运行维护[J]. 科技风, 2020(22): 145-146.

[5] Yazdi M, Mohammadpour J, Li H, et al. Fault tree analysis improvements: A bibliometric analysis and literature review[J]. Quality and Reliability Engineering International, 2023, 1-21.

[6] Li H, Soares C G. Assessment of failure rates and reliability of floating offshore wind turbines[J]. Reliability Engineering & System Safety, 2022, 228: 108777.

[7] 吴昊. 基于声发射的刀具磨损状态识别与预测[D]. 成都: 电子科技大学, 2017.

[8] Kurada S, Bradley C. A review of machine vision sensors for tool condition monitoring[J]. Computers in Industry, 1997, 34(1): 55-72.

[9] Vetrichelvan G, Sundaram S, Kumaran S S, et al. An investigation of tool wear using acoustic emission and genetic algorithm[J]. J Vib Control 2015, 21(15): 3061-3066.

[10] Bhattacharyya P, Sengupta D, Mukhopadhyay S, et al. Cutting force-based real-time estimation of tool wear in face milling using a combination of signal processing techniques[J]. Mech Syst Signal Processes, 2007, 21(6): 2665-2683.

[11] Liu C, Wang G F, Li Z M. Incremental learning for online tool condition monitoring using Ellipsoid ARTMAP network model[J]. Applied Soft Computing, 2015, 35: 186-198.

[12] Karandikar J, Mcleay T, Turner S, et al. Tool wear monitoring using naive Bayes classifiers[J]. International Journal of Advanced Manufacturing Technology, 2015, 77(9-12): 1613-1626.

[13] Chopra S, Hadsell R, LeCun Y. Learning a similarity metric discriminatively, with application to face verification[C]//2005 IEEE Computer Society Conference on Computer Vision and Pattern Recognition (CVPR'05). IEEE, 2005, 1: 539-546.

[14] Hidayat R, Yanto I T R, Ramli A A, et al. Generalized normalized euclidean distance based fuzzy soft set similarity for data classification[J]. Computer Systems Science and Engineering, 2021, 38(1): 119-130.

[15] Kingma D P, Ba J. Adam: a method for stochastic optimization[J]. arXiv preprint arXiv:1412.6980, 2014.

[16] Shao S, Stephen M A, Yan R, et al. Highly accurate machine fault diagnosis using deep transfer learning[J]. IEEE Transactions on Industrial Informatics, 2018, 15(4): 2446-2455.

[17] Van Der Maaten L, Hinton G. Visualizing data using t-SNE[J]. Journal of Machine Learning Research, 2008, 9: 2579-2605.

[18] Lin M, Chen Q, Yan S. Network In network[J]. Computer Science, 2013.

[19] Srivastava N, Hinton G, Krizhevsky A, et al. Dropout: a simple way to prevent neural networks from overfitting[J]. Journal of Machine Learning Research, 2014, 15(1): 1929-1958.

[20] Waibel A, Hanazawa T, Hinton G, et al. Phoneme recognition using time-delay neural networks[J]. IEEE Transactions on Acoustics, Speech, and Signal Processing, 1989, 37(3): 328-339.

[21] Borgwardt K M, Gretton A, Rasch M J, et al. Integrating structured biological da-ta by kernel maximum mean discrepancy[J]. Bioinformatics, 2006, 22(14): 49-57.

[22] 邹旺, 江伟, 冯俊杰, 等. 基于 ANN 和 SVM 的轴承剩余寿命预测[J]. 组合机床与自动化加工技术, 2021(01): 32-35.

[23] Ordóñez C, Lasheras F S, Roca-Pardiñas J, et al. A hybrid ARIMA–SVM model for the study of the remaining useful life of aircraft engines[J]. Journal of Computational and Applied Mathematics, 2019, 346: 184-191.

[24] 吉辉. 基于生成对抗网络的图像增强技术研究[D]. 西安: 西安理工大学, 2022.

第 2 章

卷积神经网络在故障诊断中的应用

2.1 改进LeNet-5在故障诊断中的应用

2.1.1 改进LeNet-5网络模型设计

由于传统LeNet-5在模型训练的收敛速度、模型的泛化能力上存在较多局限，因此在传统LeNet-5网络的基础上做了如下改进。

① 传统LeNet-5网络的输入层接收输入数据规格为32×32大小的二维图像，其包含的特征信息量较少，使得模型故障诊断准确率较低。且在模型训练过程中发现使用的二维图像越大，模型的故障诊断准确率会有一定的提高，但模型的训练速度会变慢，且所占用的计算资源会严重增加，严重影响了模型的训练效率。因此，将传统LeNet-5网络的输入层接收数据规格改进为64×64像素的二维时频图像，使其在包含大量特征信息的同时，又能增加模型的训练效率。

② 传统LeNet-5网络的各个卷积层所包含的卷积核数量较少，限制了其特征提取的能力。特别是在处理如本节所使用的高速轴滚动轴承故障数据时，这类数据通常具有非平稳性和复杂性，因此需要更强的特征提取能力。对传统LeNet-5网络的卷积层进行了以下改进：将第一卷积层的卷积核数量从原来的6个5×5大小的卷积核改为8个8×8大小的卷积核；将第二卷积层的卷积核数量从原来的16个5×5大小的卷积改为32个8×8大小的卷积核；将第三卷积层的卷积核大小从原

来的120个5×5大小的卷积核改为120个8×8大小的卷积核。这些改进通过增加卷积核数量和调整卷积核的大小来增强网络对复杂数据的特征提取能力。

③传统LeNet-5网络在训练过程中收敛速度十分缓慢，且网络易出现过拟合问题，使得模型的故障诊断性能偏低。因此在模型中引入批量归一化方法（BN），提升模型的训练效率，增强模型抑制过拟合的能力。

改进LeNet-5网络的滚动轴承故障诊断方法实现步骤如下所述。

步骤1：使用传感器采集滚动轴承在不同状态下工作时的振动信号，将振动信号制作为数据集。

步骤2：将数据集按照一定比例划分为训练集和测试集。根据滚动轴承不同故障类别制作相对应的标签，并将带标签的一维数据分别进行小波变换与短时傅里叶变换，并得到相应的时频图。将时频图作为改进LeNet-5网络的输入数据。

步骤3：初始化改进LeNet-5网络的参数。根据时频图的尺寸大小，确定模型的输入层网络节点数。并初始化网络的权值和偏置。

步骤4：将时频图数据按照设定的批处理数据的规模输入网络中，最后通过全连接层和分类层获得与故障类型相对应的标签，计算出网络训练误差，利用反向传播算法对误差进行重新计算，并更新网络的权值和偏置，进行训练。

步骤5：训练Softmax分类器。将改进LeNet-5网络提取的特征与相应的训练标签输入Softmax分类器中，得到输入数据对应于每个类别的概率，根据概率值判断输入数据所属类别。至此，改进LeNet-5网络和Softmax分类器构成新的深层网络。

2.1.2　仿真试验及结果分析

（1）研究对象介绍。风能作为近年来兴起的一种重要的可再生能源，其在全球范围内的应用越来越广泛，其中以风力发电作为风能的主要应用领域。风力发电机组常安装在风力强劲且人烟稀少的山区或者平原上，其工作环境非常恶劣，且由于风况的变换，风力发电机的工况也在随之变换。高速轴作为连接齿轮箱和发电机的重要部件，其是否能够稳定安全地运行决定着整个风力发电机组的工作效率。高速轴滚动轴承为传动系统中起支撑作用的重要元件，由于不断承受交变载荷使得其故障问题频发。据统计，在风力发电机中大约有40%的故障是由高速轴滚动轴承故障所引起的。因此，对高速轴滚动轴承的运行状态进行故障诊断分析对于整个风力发电机的故障维护具有重要意义。

风力发电机组主要由叶轮、偏航系统、传动系统、制动系统、液压系统、发电机、控制与安全系统、塔架、机舱等部分构成，其内部结构如图2-1所示。

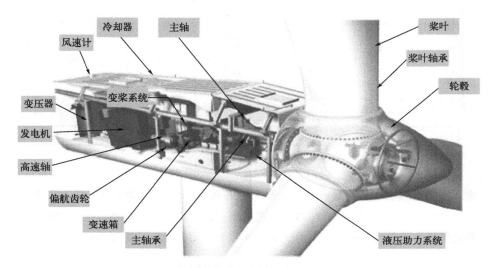

图2-1 风力发电机结构示意图

构成风力发电机组传动系统的主要元件有齿轮箱、低速轴、高速轴等，其中高速轴作为连接齿轮箱和发电机的重要部件，主要作用是将齿轮箱输出的转矩传递给发电机组。高速轴滚动轴承作为支撑高速轴的重要部件，在能量传递过程中起着重要作用，其一般由轴承外圈、内圈、滚动体和保持架构成，保持架将滚动体均匀地分割开，外圈与内圈分别固定在轴承座及轴颈上。

（2）数据预处理。为了模拟风力发电机高速轴滚动轴承在不同转速工况下的振动数据，使用美国凯斯西储大学公开的轴承数据集，训练并测试所提出的故障诊断模型的性能。实验台示意如图2-2所示。该实验装置由功率测试机、扭矩传感器、加速度传感器以及电动机等组成。该试验台可以很好地模拟风力发电机高速轴运转工况，且采用风力发电机高速轴常用的SKF6205型号深沟球轴承作为实验轴承。用电火花加工技术在实验轴承上加工单点损伤来模拟高速轴滚动轴承故障情况，其中单点损伤的深度为0.27mm，单点损伤的直径大小分别为0.18mm、0.36mm和0.54mm。单点损伤的位置可以分为内圈、外圈和滚动体。

将数据集中采样频率为48kHz时驱动端9种不同故障状态的振动数据和正常状态的振动数据作为仿真试验数据。考虑到振动信号具有周期性，并且这个周期与电机转速相关，因此信号分割的长度应当与电机转速相关。轴承振动信号采样频率为48kHz，电机的转速为1724r/min，电机轴旋转一个周期可采集到1500个数据点。考虑算法的输入数据长度，因此以电机轴旋转1/3周期采集到的数据点为一个样本。从采集到的不同故障类型原始信号中的第一个数据点开

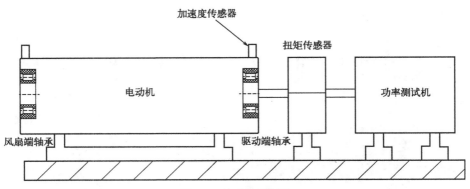

图2-2   实验台示意图

始，选择连续500个数据点为一个样本，每种故障类型采集800个样本作为训练集，同时另外选取150个样本作为测试集。数据集中训练样本总数为8000个，测试集样本总数为150个。滚动轴承的故障类型和故障标签如表2-1所示。

表2-1   滚动轴承故障数据

故障类型	单点损伤直径大小/mm	故障标签
无故障	0	1
滚动体故障	0.18	2
	0.36	3
	0.54	4
内圈故障	0.18	5
	0.36	6
	0.54	7
外圈故障	0.18	8
	0.36	9
	0.54	10

滚动轴承故障数据是基于时间序列的一维振动信号，而卷积神经网络在处理二维数据时更能挖掘数据的深层特征。因此使用短时傅里叶变换与小波变换对基于时间序列的一维振动信号数据进行数据转换。故障类型和故障标签见表2-1，将10类标签数据进行短时傅里叶变换，见图2-3（参见文后彩图）。短时傅里叶变换使用可变化长度的窗函数在基于时间序列的振动信号上进行选定重合点数的平移，并将振动信号分割为长度不同的片段，之后对每一个单独片段使用傅里叶变换进行拼接重组，最终得到二维时频图谱。短时傅里叶变换的基本运算如公式（2-1）所示：

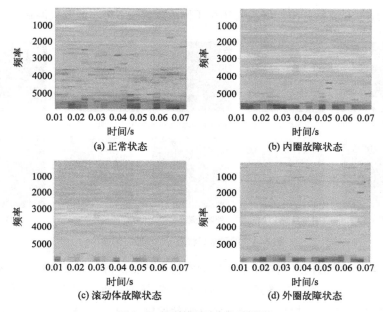

图2-3 短时傅里叶变换时频图

$$STFT_x(\tau,f) = \int_{-\infty}^{+\infty} x(t)h(t-\tau)\mathrm{e}^{-\mathrm{j}2\pi ft}\,\mathrm{d}t \tag{2-1}$$

式中，$x(t)$ 为原始时域信号；$h(t-\tau)\mathrm{e}^{-\mathrm{j}2\pi ft}$ 为基函数；f 为傅里叶变换的频率。

将10类标签数据进行小波变换。小波变换具有窗口尺寸自适应能力，其能够根据信号时域特征自动调整尺寸。当信号频率较高时可通过压缩窗口尺寸以此得到较高的时间分辨率。小波变换的基本原理如下：

设 $\varphi(t) \in L^2(R)$ 为平方可积实数空间，其中 $\phi(\omega)$ 为 $\varphi(t)$ 通过傅里叶变换得到的函数，若满足公式（2-2）：

$$0 < C_\phi = \int_{-\infty}^{+\infty} \frac{|\phi(\omega)|^2}{|\omega|}\,\mathrm{d}\omega < \infty \tag{2-2}$$

则称 $\varphi(t)$ 为母小波函数，可通过对母小波函数的系数进行操作从而得到不同的小波函数，如公式（2-3）所示。

$$\varphi_{a,b}(t) = \frac{1}{\sqrt{a}}\varphi\left(\frac{t-b}{a}\right) \quad a,b \in R, a \neq 0 \tag{2-3}$$

式中，a 为尺度因子；b 为平移因子。

图2-4（见文后彩图）展示了10种不同故障状态下经小波变换得到的时频图。

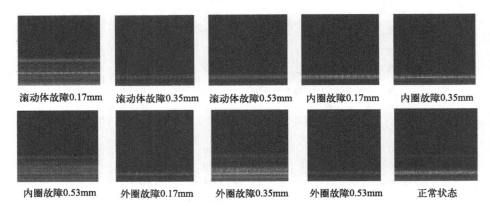

滚动体故障0.17mm   滚动体故障0.35mm   滚动体故障0.53mm   内圈故障0.17mm   内圈故障0.35mm

内圈故障0.53mm   外圈故障0.17mm   外圈故障0.35mm   外圈故障0.53mm   正常状态

图2-4   10种故障状态下的小波时频图

将基于一维时间序列振动信号经短时傅里叶变换得到的二维时频图像集合，定义为数据集1，其时频图规格为 64×64，将基于一维时间序列振动信号经小波变换得到的二维时频图像集合，定义为数据集2，其时频图规格为 64×64。

（3）仿真试验设置及结果 。为了验证改进LeNet-5模型的有效性，仿真试验采用预训练模式，通过对训练集进行多次验证，选择多组超参数进行训练并对比结果，对改进LeNet-5模型的超参数进行调谐和选择，并在训练过程中，以均方误差函数(mean square error, MSE)作为改进LeNet-5模型的损失函数，使用Adams优化器作为模型更新权值和偏置的方法。为消除模型随机性的影响，将仿真试验重复进行10次，模型在数据集1与数据集2上的故障诊断准确率如图2-5所示。表2-2列出了模型在数据集1和数据集2上的平均故障诊断准确率和标准差。

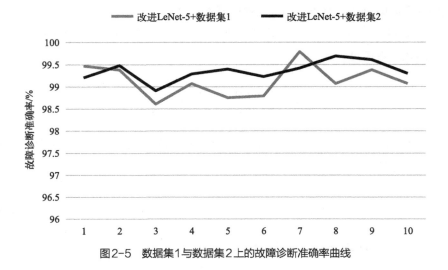

图2-5   数据集1与数据集2上的故障诊断准确率曲线

表2-2 平均故障诊断准确率和标准差

	平均故障诊断准确率/%	标准差
改进LeNet-5+数据集1	99.13	0.367
改进LeNet-5+数据集2	99.35	0.221

由表2-2可知，经过10次重复仿真试验，基于改进LeNet-5网络在数据集1上的平均故障诊断准确率为99.13%，在数据集2上的平均故障诊断准确率为99.35%。这表明所提出的方法在经由两种时频变换方法所获得的数据集上取得较高的故障识别准确率，在由小波变换得到的数据集2上的平均故障诊断准确率高于由短时傅里叶变换得到的数据集1的平均故障诊断准确率，且在由小波变换得到的数据集2上的标准差较小。这表明使用小波变换对高速轴滚动轴承故障数据进行预处理后，减少了模型特征提取的时间，并提高了网络精度，且模型故障诊断性能比较稳定。

图2-6展示了改进LeNet-5结构在数据集1上的故障诊断分类混淆矩阵，其在故障类别标签为1、2、4、7、8、9、10下，故障诊断准确率能达到99%以上，但故障类别标签为3、5、6的准确率相对较低。故障类别为5的误分类最多，其中类别1的0.17%被误分类到类别5，类别2的0.20%被误分类到类别5，类别6的0.20%被误分类到类别5。

真实标签	1	2	3	4	5	6	7	8	9	10
1	0.9947	0.0000	0.0000	0.0000	0.0017	0.0000	0.0000	0.0000	0.0000	0.0000
2	0.0000	0.9938	0.0022	0.0000	0.0020	0.0000	0.0000	0.0000	0.0000	0.0000
3	0.0000	0.0069	0.9861	0.0050	0.0000	0.0000	0.0000	0.0000	0.0000	0.0000
4	0.0000	0.0020	0.0033	0.9907	0.0000	0.0000	0.0000	0.0000	0.0000	0.0000
5	0.0000	0.0000	0.0000	0.0042	0.9875	0.0000	0.0000	0.0041	0.0000	0.0000
6	0.0000	0.0000	0.0000	0.0000	0.0020	0.9879	0.0020	0.0000	0.0000	0.0000
7	0.0000	0.0000	0.0000	0.0000	0.0000	0.0020	0.9979	0.0000	0.0036	0.0000
8	0.0000	0.0000	0.0000	0.0000	0.0042	0.0000	0.0000	0.9907	0.0000	0.0000
9	0.0000	0.0000	0.0000	0.0000	0.0000	0.0000	0.0000	0.0000	0.9938	0.0020
10	0.0000	0.0000	0.0000	0.0000	0.0000	0.0020	0.0000	0.0000	0.0000	0.9907

预测标签

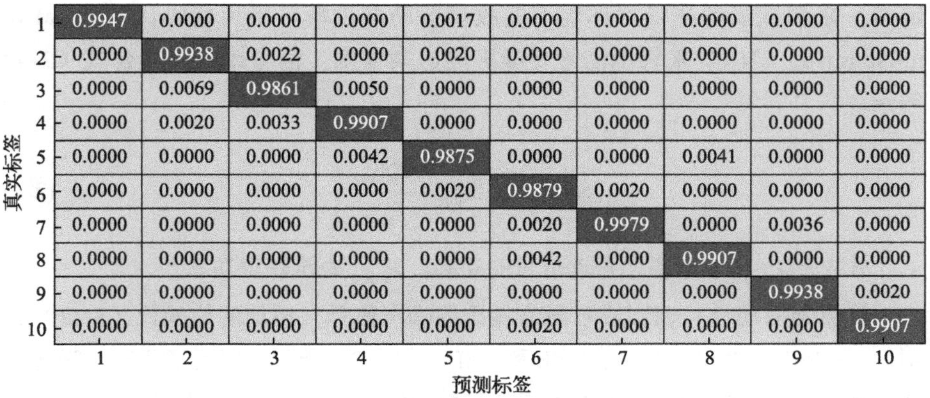

图2-6 基于短时傅里叶变换的LeNet-5结构滚动轴承故障诊断方法的分类混淆矩阵

图2-7展示了改进LeNet-5结构在数据集2上的故障诊断分类混淆矩阵，其各个故障类别的诊断准确率均达到99%以上，其中类别3的误分类率最高，类别2的0.22%、类别4的0.33%被误分为类别3。

从图2-6和图2-7可以看出，基于短时傅里叶变换的LeNet-5结构与基于小波变换的LeNet-5网络模型，除了极少数样本诊断错误之外，其余结果均正确，

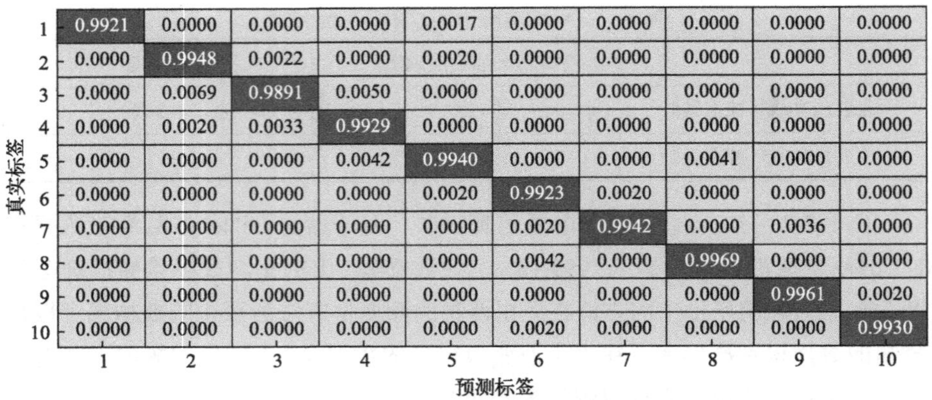

真实标签\预测标签	1	2	3	4	5	6	7	8	9	10
1	0.9921	0.0000	0.0000	0.0000	0.0017	0.0000	0.0000	0.0000	0.0000	0.0000
2	0.0000	0.9948	0.0022	0.0000	0.0020	0.0000	0.0000	0.0000	0.0000	0.0000
3	0.0000	0.0069	0.9891	0.0050	0.0000	0.0000	0.0000	0.0000	0.0000	0.0000
4	0.0000	0.0020	0.0033	0.9929	0.0000	0.0000	0.0000	0.0000	0.0000	0.0000
5	0.0000	0.0000	0.0000	0.0042	0.9940	0.0000	0.0000	0.0000	0.0041	0.0000
6	0.0000	0.0000	0.0000	0.0000	0.0020	0.9923	0.0020	0.0000	0.0000	0.0000
7	0.0000	0.0000	0.0000	0.0000	0.0000	0.0020	0.9942	0.0000	0.0036	0.0000
8	0.0000	0.0000	0.0000	0.0000	0.0000	0.0042	0.0000	0.9969	0.0000	0.0000
9	0.0000	0.0000	0.0000	0.0000	0.0000	0.0000	0.0000	0.0000	0.9961	0.0020
10	0.0000	0.0000	0.0000	0.0000	0.0000	0.0000	0.0020	0.0000	0.0000	0.9930

图2-7　基于小波变换的LeNet-5结构滚动轴承故障诊断方法的分类混淆矩阵

具有较高的故障类别分类精度，而且分类性能稳定。

2.1.3　噪声环境下模型故障诊断准确率测试

在风力发电机组实际运行中，由于外界风况的变换性以及发电机系统的共振性等因素，使得高速轴滚动轴承所处工作环境是不断变换的，因此采集到的轴承振动信号可能充斥着大量的干扰信息，会严重影响滚动轴承故障诊断的准确性。在原始一维时间序列振动信号中添加不同比例高斯白噪声，来测试模型在噪声环境下的故障诊断准确率。采用信噪比（signal to noise ratio，SNR）来表示信号受噪声的污染程度，信噪比定义如公式（2-4）所示。

$$SNR = 10\log_{10}\left(\frac{P_{signal}}{P_{noise}}\right) \tag{2-4}$$

式中，P_{signal} 表示原始振动信号的功率；P_{noise} 表示噪声功率。

将原始振动信号调制成不同信噪比的噪声信号，添加的信噪比（SNR）分别为：-4dB、-2dB、0 dB、2 dB和4 dB。如表2-3所示，展示了不同信噪比下基于改进LeNet-5结构模型在数据集1和数据集2上的故障诊断准确率。

由表2-3可知，对于不同程度下噪声情况，改进LeNet-5模型依然具有较高的故障诊断准确率。在信噪比SNR=4时，此时噪声干扰程度最小，该模型在经由短时傅里叶变换预处理的数据集1上的故障诊断准确率为97.35%，在经由小波变换预处理的数据集2上的故障诊断准确率为99.20%。当信噪比SNR=-4dB时，此时噪声干扰程度最大，该模型在数据集1上故障诊断准确率为69.79%，在数据集2上的故障诊断准确率为83.70%。仿真结果表明基于改进LeNet-5结构下的短时傅里叶变换与小波变换的故障诊断方法具有一定的抗噪声能力。但基于改进LeNet-5结构下小波变换方法获得了更高的故障诊断准确率，说明对故障数据进行小波变换预处理可以有效降低数据中冗余的噪声影响，更好地发挥模型的特征提取功能。

表2-3　不同信噪比下故障诊断准确率

SNR/dB	故障诊断准确率/%	
	改进LeNet-5+数据集1	改进LeNet-5+数据集2
-4	69.79	83.70
-2	85.69	90.70
0	91.27	94.68
2	93.48	98.25
4	97.35	99.20

2.1.4　与其他故障诊断方法进行对比

为了进一步验证改进LeNet-5结构的滚动轴承故障诊断方法的优越性，根据对模型抗噪声干扰能力的研究，选定时频分析方法为小波变换方法，将改进LeNet-5结构与其他方法基于机器学习或深度学习的五种不同的故障诊断方法进行对比研究，包括支持向量机（support vector machine，SVM）[1]、K-最近邻（K-nearest neighbor，K-NN）[2]、K-聚类（K-Means）[3]、反向传播神经网络（back propagation neural network，BPNN）[4]、和传统LeNet-5网络。SVM、K-NN、K-Means、BPNN的网络参数设置如表2-4所示。

表2-4　网络详细参数设置

诊断方法	参数设置
SVM	将惩罚参数C设为1，选取径向基函数作为核函数，将参数γ设为0.125
K-NN	最近的邻居的数量设置为5
K-Means	最大迭代次数设置为1000次，集群数量设置为4
BPNN	设置输入层节点数为10，隐层节点数为12，输出层节点数为4，学习率为0.003，最大迭代次数为1000

为减小试验误差影响，分别进行10次对比试验，得到各个方法的故障诊断准确率如图2-8所示。表2-5展示了各类方法的平均故障诊断准确率。

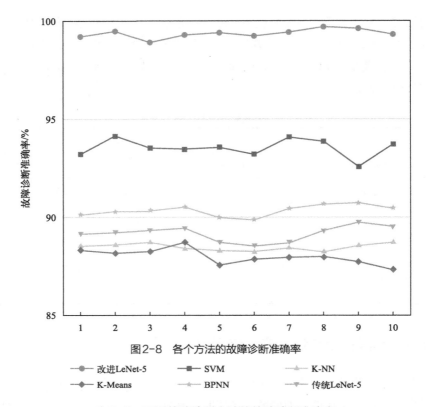

图2-8　各个方法的故障诊断准确率

表2-5　不同故障诊断方法的故障诊断准确率

故障诊断方法	平均故障诊断准确率/%
SVM	93.53
K-NN	88.47
K-Means	87.98
BPNN	90.33
传统LeNet-5	89.16
改进LeNet-5	99.66

　　从表2-5可知，改进LeNet-5网络与SVM相比诊断准确率提高6.13%，与K-NN相比诊断准确率提高11.19%，与K-Means相比诊断准确率提高11.68%，与BPNN相比诊断准确率提高9.33%。由于所对比的机器学习方法如SVM、K-NN、K-Means和BPNN，其输入数据为滚动轴承一维振动信号，无法充分展现出振动信号的频域特征，使得不同状态下振动信号的故障特征难以充分地分析和提取，因此限制了机器学习模型的故障诊断能力。仿真试验结果表明，提出的改进LeNet-5网络的故障诊断准确率高于所对比的其他故障诊断方法且与传统LeNet-5网络相比，改进LeNet-5网络诊断准确率提高10.5%，网络的故障诊

断能力有显著提高。

2.1.5　变转速工况下改进LeNet-5的可用性研究

（1）数据预处理。由于风力发电机组安装在高空中，其受到风速和风向等因素的影响，叶轮的转速不断发生变化，由此使得传动系统的转速也随之变化。高速轴滚动轴承作为支撑高速轴的重要部件，其转速也在不断发生变化。将三种不同转速工况下采集到的滚动轴承故障数据作为仿真试验数据集，在转速为1772r/min工况下采集到的滚动轴承故障数据定义为数据集A，在转速为1750r/min工况下采集到的滚动轴承故障数据定义为数据集B，在转速为1730r/min工况下采集到的滚动轴承故障数据定义为数据集C。且每个数据集中，包含9种不同状态的故障数据和正常状态的振动数据，从采集到的十种不同类型原始振动信号中的第一个数据点开始，选择连续500个数据点为一个样本，每种故障类型采集800个样本作为训练集，同时另外选取150个样本作为测试集。每个数据集中包含的训练样本集总数为8000个，测试集样本总数为150个。

（2）试验结果分析。对于每个数据集做十次重复的仿真试验来减少随机性的影响，并对每个数据集分别进行短时傅里叶变换与小波变换，得到其对应的时频图，将经过变换后的时频图作为改进LeNet-5网络的输入数据。为减少随机性带来的影响，对每个数据集做十次重复仿真试验。在数据集A上的故障诊断准确率如图2-9所示、在数据集B上的故障诊断准确率如图2-10所示、在数据集C上的故障诊断准确率如图2-11所示，表2-6表示在不同数据集上平均故障诊断准确率。

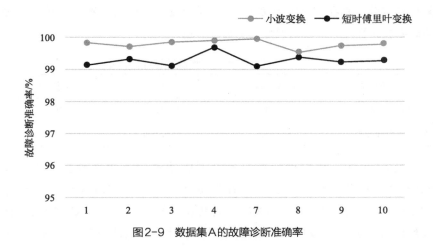

图2-9　数据集A的故障诊断准确率

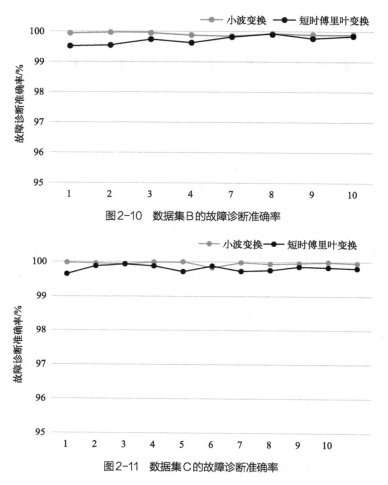

图2-10 数据集B的故障诊断准确率

图2-11 数据集C的故障诊断准确率

从图中可以看出，基于改进LeNet-5网络的滚动轴承故障诊断模型经过十次重复仿真试验，其在三个数据集上故障诊断准确率均高于99%，且模型故障诊断准确率波动性较小，表明模型具有很好的稳定性。

表2-6 不同数据集上平均故障诊断准确率

时频变换方法	数据集A	数据集B	数据集C
小波变换	99.815%	99.913%	99.967%
短时傅里叶变换	99.301%	99.726%	99.716%

由表2-6可知，经由小波变换预处理的滚动轴承故障数据，作为改进LeNet-5网络模型的输入数据，其在数据集A上的平均故障诊断准确率为99.815%，在数据集B上的平均故障诊断准确率为99.913%，在数据集C上的平均故障诊断准确率为99.967%。经由短时傅里叶变换预处理的滚动轴承故障数

据，作为改进LeNet-5网络模型的输入数据，其在数据集A上的平均故障诊断准确率为99.301%，数据集B上的平均故障诊断准确率为99.726%，在数据集C上的平均故障诊断准确率为99.716%。但是，相较于小波变换方法，短时傅里叶变换在故障诊断中的准确率较低，这表明基于小波变换得到的二维时频图能够更全面地保留原始振动信号中的故障信息。

2.1.6 小结

在传统LeNet-5网络结构的基础上进行改进，介绍了改进LeNet-5网络的基本结构参数模型实施的基本流程，并给出模型的具体故障诊断框架。使用短时傅里叶变化与小波变换对高速轴滚动轴承故障数据进行数据预处理，并进行仿真试验，根据模型的评价指标对仿真试验结果进行分析。对故障诊断模型在噪声干扰条件下的故障诊断准确率进行研究，并与其他方法基于机器学习或深度学习模型进行对比，仿真结果表明，提出的基于改进LeNet-5网络模型在噪声环境下仍然具有较高的故障诊断准确率，且相比于其他机器学习或深度学习模型具有更高的故障识别精度。利用改进卷积神经网络故障诊断模型对设置的基于一维振动信号的三个不同转速工况的数据集分别进行短时傅里叶变换与小波变换，并生成相应时频图，制定对应标签。仿真结果表明，基于改进卷积神经网络下的两种时频变换方法均取得了非常高的故障识别准确率。

2.2 卷积神经网络在故障诊断中的应用

在传统机器学习方法很难有效地构建出故障与振动信号间的映射关系，而且通常需要人工提取信号的特征，对于复杂信号的特征提取往往需要丰富的专业知识，通常还伴随着特征提取不准确和工作量过大等问题。针对上述问题设计了一种基于卷积神经网络（CNN）的风机齿轮箱故障诊断算法。

2.2.1 CNN故障诊断模型设计

基于CNN的故障诊断模型如图2-12所示，该模型首先将传感器采集到的时域振动信号通过快速傅里叶变换（fast Fourier transform，FFT）方法转换成频域信号，再利用卷积层提取信号中的故障特征，通过最大池化层进行特征降维，通过两次特征的提取及降维特征后，将提取到的特征输入全连接层中进行故障分类任务，从而诊断故障状态。

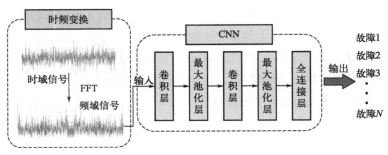

图2-12　基于CNN故障诊断模型结构

① 快速傅里叶变换算法。快速傅里叶变换（FFT）是1965年由J.W.库利和T.W.图基提出的，利用计算机快速高效地对离散傅里叶变换（DFT）进行计算的方法[5]。FFT能够将空间信号转换为频域信号，其数学模型见式（2-5）：

$$X(n) = \sum_{K=0}^{N=1} x_0(k)W_N^{nk}, \quad n = 0,1,\cdots,N-1 \tag{2-5}$$

式中，N表示时间序列的长度；W为DFT算法的权函数；n表示第n个采样点；k表示频率分量。

FFT利用权函数W_N^{nk}的对称性和周期性，将长度为N的一维序列通过离散时间傅里叶变换（DFT）算法进行一系列分解组合，使原本DFT的计算过程转变为多个表达式叠加运算过程，使得DFT的运算量极大地简化，实现了高效的信号分析及处理。

② CNN网络参数设计。CNN为故障诊断模型的核心模块，其中卷积层能够提取信号特征，池化层能够特征降维，全连接层能够对特征进行分类。CNN网络的具体参数如表2-7所示。

表2-7　CNN参数

层数	网络层	参数大小	步长
1	卷积层	7×1,25	1
2	最大池化层	4×1	3
3	卷积层	7×1,50	1
4	最大池化层	4×1	3
5	全连接层	5500×1024	——
6	全连接层	1024×512	——
7	全连接层	512×9	——

CNN网络的特征提取模块仅由两个卷积层和两个最大池化层组成，这样设计能够减少网络模型的参数，并且大大降低模型在训练过程中发生过拟合的可

能，特征提取模块参数设计如下：

① 特征提取模块的第一层为卷积层，该层采用25个大小为7×1的卷积核。通过采用相对稍大卷积核增大其感受野，并且使用多个卷积核，能够让该层学习到的特征更加丰富，步长为1能够保证特征不被丢失。经过卷积运算后，采用 ReLU 函数对卷积输出进行非线性激活。

② 特征提取模块的第二层为最大池化层，该层主要通过降采样操作将卷积层提取到的特征降维，相对增加了感受野，减少网络训练的参数，降低网络发生过拟合的可能。该层的池化核为4×1，步长为3，即池化核每移动3个单位就进行一次池化操作。

③ 特征提取模块的第三层为卷积层，该层使用50个大小为7×1的卷积核，步长为1。通过再次增加卷积核的数量，让该层学习到更加丰富的特征。经过卷积运算后，采用 ReLU 函数对卷积输出进行非线性激活。

④ 特征提取模块的第四层为最大池化层，该层的参数设置与第二层相同。通过将第三层的特征降维，进一步降低网络参数以及发生过拟合的可能。

经过CNN的特征提取模块提取到的特征，经展平后输入分类模块中。分类模块由三层全连接层组成，在每层后加入ReLU 函数对输出进行非线性激活。通常随全连接层深度增加，模型的非线性表达能力提高。但全连接层存在参数冗余的问题，通过使分类模块三层全连接层参数量逐层递减，既保证模型具有较强的非线性表达能力，又降低了参数冗余。

2.2.2　仿真试验及结果分析

2.2.2.1　研究对象介绍

目前，人类面临着环境污染和能源危机，因此风力发电在全球得到了迅速发展[6]。如图2-13所示，截至2021年年底，全球风力发电机装机总量为837GW，其中中国装机总量位居第一，装机总量为338.31GW，占世界装机总量的40.4%，而中国内陆上风力发电机装机容量占总装机容量的93%[7]。面对如此庞大的陆上装机容量，提高其机组可靠性将会节约巨大的维修成本。

陆上风力发电机通常安装在高海拔、风力强劲的地区，导致风电机组工作环境恶劣，主要包括由风速导致的不平衡动载荷、温度变化、沙尘暴、闪电和地震等因素。除上述环境因素外，还有由材料导致的机组生存温度等内部因素。这些因素最终导致了机组可靠性降低，若其核心系统发生故障，则可能会造成重大事故，如经济损失与人员伤亡。因此，为了避免重大事故的发生，降低维

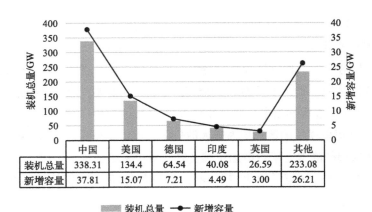

	中国	美国	德国	印度	英国	其他
装机总量	338.31	134.4	64.54	40.08	26.59	233.08
新增容量	37.81	15.07	7.21	4.49	3.00	26.21

▬ 装机总量　●─ 新增容量

图2-13　截至2021年各国装机容量

修成本，保障工作人员的生命健康安全，对风力发电机组进行故障诊断是非常必要的。

齿轮箱是风力发电机核心传动部件之一，齿轮箱发生故障将导致机组长时间停机。且齿轮箱结构复杂，难以维修，一旦发生严重故障就会大大增加维修成本[8]。虽然风机设计的理论寿命为20年，但是很多国产风机齿轮箱由于负载不规律、温差、风沙等原因，在五年内就会出现各种问题[9]。

如果齿轮箱发生早期故障而不能及时发现，极有可能会演化成严重故障，导致巨大的经济损失和安全事故。近年来，故障诊断技术被广泛应用于装备的实际运维中，通过分析传感器获得的信号来诊断装备当前的健康状态，从而能够及时发现早期故障并制定相应的维修策略。维修策略由被动型转变为先导型，降低了机械设备的保全时间和维修成本，增强了机械设备的安全性与可靠性，为机械设备实现快速而准确的维修提供了保障。

因此，针对风力发电机齿轮箱在实际工作中可能遇到的各种故障，需要对其故障诊断进行深入研究，防止早期故障演化成严重故障导致的机组长时间停机，能够在故障早期及时发现并制定相应维修策略，对降低风电机组运维成本，具有极大的工程应用价值以及研究意义。因此采用深度学习方法对风机齿轮箱故障诊断技术展开研究。

风力发电机的齿轮箱主要作用是将风轮在风载作用下产生的动力传递给发电机。风轮转速很低，远达不到发电机要求的转速，因此必须通过齿轮箱增加其转速。风机齿轮箱按结构可分为一级行星两级平行级齿轮箱、两级行星级一级平行级、带主轴齿轮箱和紧凑型齿轮箱四种。以内陆地区占有量最高的一级行星两级平行级齿轮箱为例，该齿轮箱功率为1660kW，输入转速为17.3r/min，转速比为104.078。由于其结构紧凑、承载能力强并且具有较高可靠性，主要用于2MW以及2MW以下功率的风电齿轮箱。其传动过程如图2-14所示，输入端转速低、扭矩大，采用行星传动，且主要以太阳轮浮动均载为主，第二级、第三级扭矩小，采用平行轴斜齿传动，以达到增加转速的效果。

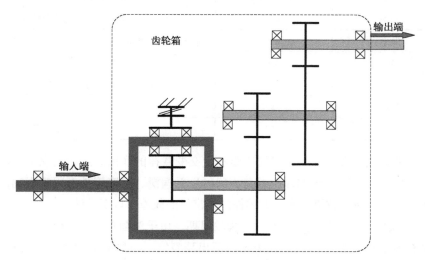

图2-14　风力发电机齿轮箱传动示意图

在风力发电机运行过程中，传统系统的故障往往是由于齿轮箱中某些核心零部件发生故障所导致。且齿轮箱整体封闭，内部结构布局紧凑，维修难度大。如图2-15所示，美国国家可再生能源实验室（NREL）对风电装备零部件失效导致的停机维护时间进行了统计分析[10]，累计分析了约3万台风电机组从2008年至2012年各部件故障导致的平均停机维护时间，其中由齿轮箱导致的停机维护时间最高，导致发电量损失占比最大。

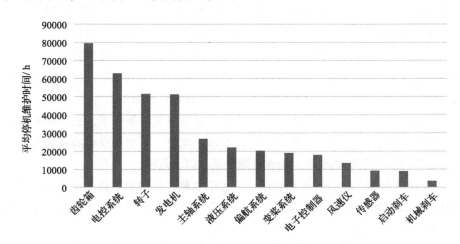

图2-15　平均每台风机关键零部件失效影响分析

表2-8为风力发电机齿轮箱中不同部件发生故障所占比例及表现形式。

表2-8　风机齿轮箱故障比例及表现形式

损坏部件	故障比例/%	损坏表现形式
齿轮	60	断齿、点蚀、胶合、磨损、疲劳裂纹等
轴承	19	疲劳剥落、滚珠脱出、保持架变形、磨损等
轴	10	断裂、磨损等
箱体	7	变形、开裂
紧固件	3	断裂
油封	1	磨损

风力发电机在工作时，齿轮不断承受交变载荷的作用。风力发电机在启停时，齿轮还会受到巨大的冲击载荷。同时还受润滑、温度等外部因素影响，导致齿轮成为齿轮箱故障率最高的部件，其常见的故障有以下几种：

① 裂纹。齿轮裂纹通常发生于齿轮早期，由于磨削不当或热处理不当，或者材料本身存在缺陷都会导致齿轮表面出现裂纹，在风机齿轮箱工作过程中，齿轮长时间经受交变载荷的作用，使齿轮受到周期性变化的接触应力，当轮齿的接触疲劳强度小于接触应力时，疲劳裂纹就会产生在齿轮表面。

② 点蚀。点蚀是齿轮传动中最常见的故障。由于齿轮在相互啮合的过程中，齿面长时间受到脉动循环变化的接触应力，导致齿面出现细小裂纹，裂纹逐渐扩展使齿面上发生细微剥落而形成一些疲劳浅坑。

③ 胶合。在各种故障类型中，胶合是一种相对严重的故障类型，它一般发生在齿根等速度较高的部位。风机齿轮箱工作在高速重载的条件下，这种条件下齿轮啮合会产生大量的热量。如果散热不良或润滑不良将导致齿面温度过高，使齿面之间发生黏焊现象，严重时将导致齿面剥离，引起胶合现象。

④ 断齿。断齿是一种严重的齿轮失效形式，往往是在啮合的过程中，齿轮承受了过大的载荷导致巨大的弯曲应力超过了材料的疲劳极限，使齿面出现裂纹。随后齿轮交替啮合，裂纹持续增长，最终导致轮齿断裂。

风力发电机在工作过程中，轴承工作在高速重载的条件下，还不断承受交变载荷的影响，导致轴承可能发生各种故障。此外，润滑不良和油膜震荡等原因，都有可能导致轴承故障。轴承故障主要有以下几种：

① 疲劳剥落。疲劳剥落是轴承最常见的故障，当轴承滚道面或滚子面因过于疲劳超过极限，就会产生表面剥落的现象。产生剥落后的滚道面会出现鱼鳞状，凹凸不平，同时滚子也会出现一定损伤。

② 保持架变形。由于轴承长时间工作在大力矩载荷、高转速的条件下，还

要不断承受交变载荷、高温的影响，使保持架超过了其疲劳极限导致变形。当保持架发生变形，有可能使整个齿轮箱卡住或发生故障。

③ 滚珠脱出。滚珠是轴承零件中的关键部件，在转速快、温度高的恶劣条件下，滚珠就可能会出现损伤，对轴承的精度产生严重影响。一般滚珠损伤都是在轴承故障后引起，轴承变形使滚珠脱出，使齿轮箱不能运转，最终导致停机维修。

2.2.2.2　数据预处理

由于现有的风力发电机数据量难以支撑仿真试验，且本研究所搭建的故障诊断模型具有普遍适用性，为了更好地模拟风机齿轮箱实际工况的数据，采用具有代表性的东南大学公开齿轮箱数据集[11]对基于CNN的故障诊断模型性能进行仿真验证。DDS可模拟工业动力传动，动力传动系统由一个2级行星齿轮箱，一个由滚动轴承或套筒轴承支撑的2级平行轴齿轮箱，1个轴承负载和1个可编程的磁力制动器组成。该试验台可模拟直齿和斜齿齿轮的齿面磨损、轮齿裂纹、齿面点蚀和缺齿等故障。还可模拟滚动轴承故障如内圈故障、外圈故障、滚动体故障。东南大学齿轮箱数据集包含了轴承故障数据和齿轮故障数据两个子数据集，并且设置了转速-系统负载为20Hz-0V和30Hz-2V两种不同工况。每个数据集均包含八种信号，分别代表不同位置传感器采集到的信号，如表2-9所示。

表2-9　数据集信号的含义

编号	信号含义
1	电动机振动信号
2	行星齿轮箱X方向振动信号
3	行星齿轮箱Y方向振动信号
4	行星齿轮箱Z方向振动信号
5	电机扭矩
6	平行齿轮箱X方向振动信号
7	平行齿轮箱Y方向振动信号
8	平行齿轮箱Z方向振动信号

数据集的轴承数据集和齿轮数据集均包含了一种健康状态和四种故障状态，如图2-16所示。数据集包含了风力发电机齿轮箱中齿轮和轴承常见故障，齿轮箱功率为1660 kW，其输入转速为17.3 r/min，转速比为104.078，通过计算得到输出转速约为1800 r/min。最终选择使用转速-系统负载为30Hz-2V的齿轮轴承数据集进行仿真验证。

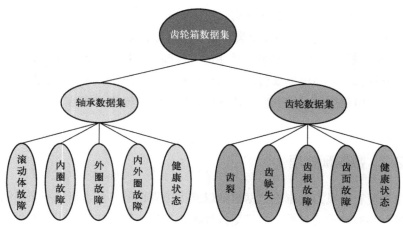

图2-16　齿轮箱数据集结构

选用工况为30Hz-2V的数据集，选取Y方向的行星齿轮箱振动信号作为仿真试验数据。该组数据共包含两种健康状态以及八种故障状态，其时频图如图2-17所示。对该组数据进行预处理，并将生成的数据集输入CNN模型中进行仿真试验验证。

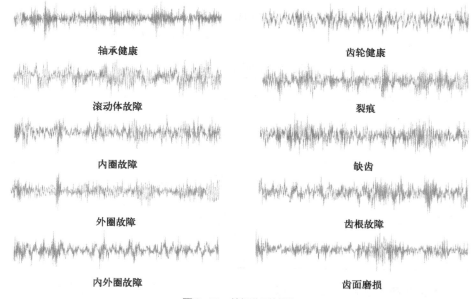

图2-17　数据集时域图

选取齿轮五种状态以及轴承四种状态，共计九种状态。将九种状态标记为0～8，如表2-10所示。本节以1024个采样点作为一个滑动窗口，对该组数据进行无重叠采样。每种健康状态取300个样本作为训练集，100个样本作为测试集，共计3600个样本用于仿真试验验证。

表2-10 数据集描述

标签	故障类型	训练样本/个	测试样本/个
0	健康	300	100
1	外圈故障	300	100
2	内圈故障	300	100
3	内外圈故障	300	100
4	滚动体故障	300	100
5	裂痕	300	100
6	缺齿	300	100
7	齿根故障	300	100
8	齿面磨损	300	100

2.2.2.3 仿真试验及结果分析

模型训练的参数设置：优化算法采用Adam优化算法，损失函数采用交叉熵损失函数，学习率为0.0002，batchsize设置为64。模型迭代50次，在准确率达到历史最高时保存最佳参数。为了验证设计的FFT对模型诊断性能的影响，首先将基于时域信号的CNN模型与经过基于FFT变换的频域信号的CNN模型进行了对比，为了避免试验存在偶然性，每组试验重复十次。准确率迭代过程如图2-18所示。

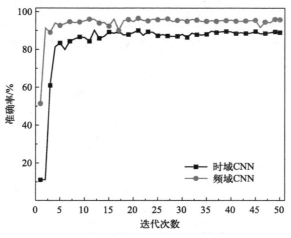

图2-18 时域和频域信号在CNN模型中的准确率对比

由图2-18可知，经过FFT变换后的频域信号在CNN中的准确率要明显高于原始时域信号。频域CNN的准确率最高可以达到96.5%，而时域CNN最高仅能达到91%。并且在学习速度上频域信号也具有优势，频域CNN在第一次迭代时就达到了51.3%，第二次迭代达到91.2%，随后缓慢上升至稳定，说明模型在第一次迭代就捕捉到了有效信息。而时域CNN前两次迭代均为11.1%，直到第三次迭代才在信号中学习到了有效信息，使准确率达到61%，随后缓慢上升。说明CNN模型对频域信号更加敏感，更容易发现频域信号中的故障特征。

为了进一步验证所提方法的先进性，将所提模型与传统机器学习方法SVM进行对比，同样进行十次试验，十次试验结果如图2-19所示。

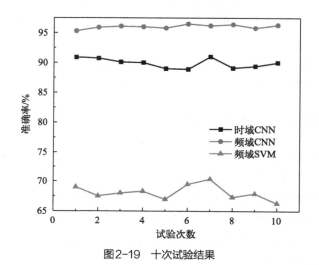

图2-19　十次试验结果

可以观察到，在准确率的角度，频域CNN的平均准确率最高，其次是时域CNN，最后是频域SVM；在稳定性的角度，频域CNN在十次试验中最终结果波动最小，稳定性最强，其次是时域CNN，最后是频域SVM。综上，CNN模型要优于SVM模型。

表2-11　十次试验数据准确率

单位：%

试验次数	频域SVM	时域CNN	频域CNN
1	69	90.9	95.3
2	67.5	90.7	95.9
3	68	90.1	96.1
4	68.3	90	96
5	66.9	89	95.8
6	69.4	88.9	96.5
7	70.3	91	96.2

续表

试验次数	频域SVM	时域CNN	频域CNN
8	67.3	89.1	96.4
9	67.9	89.4	95.8
10	66.3	90	96.3
最大值	70.36	91	96.5
最小值	66.3	88.9	95.3
平均值	68.11	89.91	96.03

试验数据见表2-11。由表可知，使用时域数据的CNN模型，准确率在90%左右波动，最高为91%，最低为88.9%。而使用频域信号的CNN模型准确率基本稳定在95%以上，平均准确率为96%，最高一次可达到96.5%。显然，频域信号相比时域信号在基于CNN的故障诊断中更加具有优势。

为了显示模型所犯错误和错误类型的信息，使用混淆矩阵来评估故障诊断模型的性能。混淆矩阵的表现形式类似 $N×N$ 的矩阵形式，其中，矩阵水平列代表样本数据的预测类别，纵列代表样本数据的真实类别。而混淆矩阵的数学核心思想是利用准确率（Accuracy）去预测某种模型识别发生故障的概率，准确率越高则说明该模型的故障识别能力越强；反之越弱。由公式（2-6）所示：

$$Accuracy = \frac{TP+TN}{TP+TN+FP+FN} = \frac{TP+TN}{ALL\ DATE} \tag{2-6}$$

式中，Accuracy 代表的是准确率；ALL DATE 代表的是所有样本数据的数量；TP、TN 代表的是被正确预测的样本数据的数量；FP、FN 代表的是被错误预测的样本数据的数量。

使用混淆矩阵对CNN模型故障诊断的结果进行可视化，结果如图2-20所示。混淆矩阵显示，模型对于1（外圈故障）、2（内圈故障）和3（内外圈故障）能够完美区分。0（健康状态）与4（滚动体）故障、5（裂痕）与7（齿根故障）两组健康状态容易混淆。其余健康状态虽然不能完美区分，但是混淆程度不明显。

使用t-分布随机邻域嵌入（t-SNE）方法，将学习到的特征投射到二维空间中，以直观显示模型的特征学习能力，结果如图2-21（见文后彩图）所示。从图2-21的特征可视化也能够得到印证，虽然大多数特征能够分离，整体聚类效果显著，但是0（健康状态）与4（滚动体故障）、5（裂痕）与7（齿根故障）两组健康状态的特征未能完全分离，最终导致了互相混淆的现象发生，模型的故障诊断精度下降。说明基于CNN模型的故障诊断方法在特征提取方面仍然具有改进的空间。

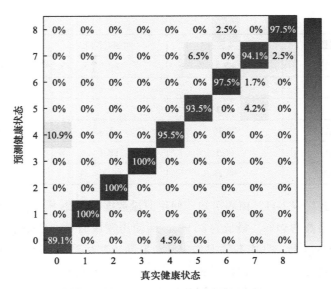

图2-20 频域CNN诊断结果的混淆矩阵

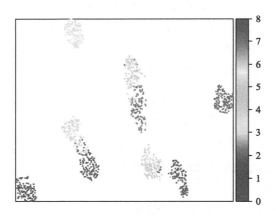

图2-21 t-SNE特征可视化

综上分析可知，基于卷积神经网络的故障诊断模型，相比于传统机器学习模型SVM在诊断精度上具有显著优势。且通过FFT将原始时域信号转换为频域信号对基于CNN的故障诊断模型具有显著提升。

此外，为了验证模型的普适性，使用凯斯西储大学的轴承数据集加以验证，该数据集选用了十种不同的健康状态，每种故障状态分别取400个样本，其中300个样本作为训练集，100个样本作为测试集。诊断准确率如图2-22所示。结果显示，使用频域振动信号的CNN模型准确率能够达到96%，而使用时域信号的CNN模型准确率达到95.8%。虽然使用该数据集的时域和频域信号准确率差别较小，但经过FFT变换的频域信号的准确率仍高于时域信号。并且能够明显看到，频域信号的迭代稳定性更高，几乎稳定在96%，而时域信号的准确率存在明显波动，甚至在第31次下降至83.8%。说明本章搭建的模型在其他数据集中仍然适用，且FFT方法能够提高模型的准确率以及稳定性。

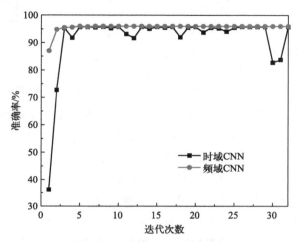

图2-22　基于凯斯西储大学轴承数据集的仿真试验结果

2.2.3　小结

构建了基于CNN的故障诊断模型，通过CNN模型中的卷积层自动提取故障特征，池化层降维故障特征，最终输入全连接层进行分类诊断，避免了人工提取特征以及过度依赖专家经验对诊断精度的影响，降低了故障诊断的工作量。针对CNN模型对时域信号不敏感的问题，利用FFT将时域信号转化成频域信号作为故障诊断模型的输入。利用工况为30Hz-2V的齿轮箱数据集对所提模型进行了故障诊断仿真验证。结果表明，CNN相比于传统的SVM算法表现出更强的特征提取能力以及诊断精度，时域CNN准确率可以达到91%；同时采用经FFT变换后的频域信号作为输入也明显提升了模型的精度以及训练速度，最终模型准确率达到了96.5%。

2.3　频域集成卷积神经网络在故障诊断中的应用

上节中设计的基于卷积神经网络的风机齿轮箱故障诊断模型表现出较高的

诊断精度，但是在特征提取方面仍具有改进的空间。CNN虽然能够从信号中自动学习故障特征，但仍然容易忽略隐藏在高维空间中的一些模糊故障特征[12]。为了让CNN模型的故障诊断能力达到更好的效果，引入了集成学习中的Stacking学习法，设计了一种用于卷积神经网络

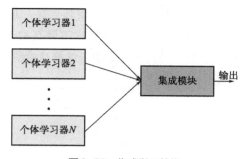

图2-23　集成学习结构

的集成学习框架，即基于频域集成卷积神经网络（frequency-domain ensemble convolutional neural networks，FECNN）的风机齿轮箱的故障诊断方法。

集成学习（ensemble learning，EL）是一种传统的机器学习方法，其主要思想是结合多个较弱的监督学习模型，从而组合出一个性能优越且具有较强稳定性的强监督学习模型[13]。集成学习基本步骤如图2-23所示，首先建立N个个体学习器，然后将这些个体学习器集成起来组成一个集成模块，最后得到集成结果。集成模块结合了各学习器的优点，以此提升模型的学习能力。对于组合策略，集成学习的组合策略通常有平均法、投票法和学习法[14]。

平均法是指将多个个体学习器的输出取平均值作为最终的预测结果，平均方法又分为简单平均法和加权平均法。

若训练了T个弱学习器，分别为$\{h_1, h_2, \cdots, h_T\}$，其中$h_i \in R$，则简单平均法的数学模型见式（2-7）：

$$H(x) = \frac{1}{T}\sum_{i=1}^{T} h_i(x) \tag{2-7}$$

加权平均法给每个个体学习器均加入了一个权值w，其数学模型见式（2-8）：

$$H(x) = \frac{1}{T}\sum_{i=1}^{T} w_i h_i(x) \tag{2-8}$$

式中，w_i表示个体学习器h_i的权值，且满足$w_i \geqslant 0$且$\sum_{i=1}^{T} w_i = 1$。

投票法将多个个体学习器的预测结果进行投票表决，最后将投票结果作为最终的预测值。投票法通常包括相对多数投票法、绝对多数投票法和加权投票法。

假设$\{y_1, y_2, \cdots, y_T\}$为各样本的实际预测值，对于样本集中任一样本$x$，$T$个个体学习器的预测结果为$\{h_1, h_2, \cdots, h_T\}$。

相对多数投票法将每个个体学习器的预测结果 y 进行投票，票数最多的类别作为最终预测结果。若有多个类别并列第一，则随机取一类别作为最终结果。相对多数投票法的数学模型见式（2-9）：

$$H(x) = y_{\arg\max_j} \sum_{i=1}^{T} h_i^j(x) \tag{2-9}$$

绝对多数投票法要求必须有一个类别获得最高票数且超过总票数的一半，否则将会拒绝预测。其数学模型见式（2-10）：

$$H(x) = \begin{cases} H(x) = y_j, \text{if} \sum_{i=1}^{T} h_i^j(x) > 0.5 \sum_{k=1}^{N} \sum_{i=1}^{T} h_i^k(x) \\ \text{reject}, \text{otherwise} \end{cases} \tag{2-10}$$

加权投票法给每个个体学习器加入各自的权值 $\{w_1, w_2, \cdots, w_T\}$，然后将各结果进行相加，其中最大值对应的类别作为最终预测值。其数学模型见式（2-11）：

$$H(x) = y_{\arg\max_j} \sum_{i=1}^{T} w_i h_i^j(x) \tag{2-11}$$

平均法和投票法通常能够学习到问题的一部分，但不能学习到问题的整个空间。相比于平均法和投票法两种简单的结合策略，Stacking学习法的结合更加复杂，该策略降低了平均法和投票法造成的较大学习误差，是上述两种方法的补充与完善。如图2-24所示，Stacking学习法首先构建多个不同类型的基学习器，并使用它们得到初级预测结果，然后基于这些预测结果，构建一个元学习器进行再学习，得到最终的预测结果。如果某个基学习器错误地学习了特征空间的某个区域，那么元学习器通过结合其他基学习器的学习行为，可以适当纠正这种错误。显然，该方法是一种更加强大的集成策略。

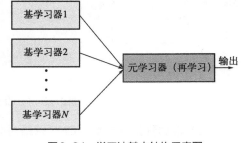

图2-24 学习法基本结构示意图

2.3.1 FECNN故障诊断模型

该模型以集成学习方法为框架，将双曲正切函数（tanh）、修正线性单元ReLU（rectified linear unit）和指数线性单元ELU（exponential linear units）三种激活函数应用于一维CNN网络中作为基学习器以及将二维CNN网络作为元学习器。该模型能够减少逐层提取故障特征过程中故障信息的丢失，从而提高故障诊断精度。FECNN模型的结构如图2-25所示。该方法将三个具有不同激活函数的CNN网络作为集成模型的基学习器，利用基学习器进行特征提取，使模型提取到更加丰富的整体特征，然后将一个二维CNN作为集成模。该模型分为四个功能模块，分别是数据预处理模块、故障特征提取模块、故障特征融合模块以及故障诊断模块。

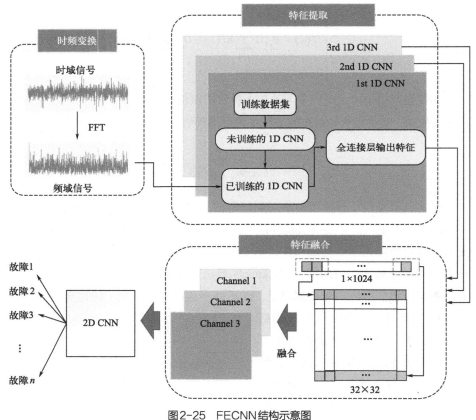

图2-25　FECNN结构示意图

（1）数据预处理模块。CNN网络对频域信号更加敏感，更加容易学习到信号中的故障特征。因此模型将时域振动信号通过FFT方法转换为频域信号，将频域信号作为模型的输入。

（2）故障特征提取模块。该模块由三个基学习器组成，三个基学习器为分别带tanh、ReLU、ELU激活函数的一维CNN，由于不同激活函数具有不同的非线性映射能力，因此得到的特征也有所不同。利用训练数据集分别对三个基学习器进行训练，使其达到最佳状态并保存参数。训练完成后，基学习器便具备了特征提取的能力，将样本输入三个基学习器中，收集基学习器全连接层的输出作为特征提取的结果（调整全连接层输出大小为1024）。由不同基学习器提取到的特征，具有更丰富的整体特征和多样性，能够减少隐藏在高维空间中模糊特征的丢失。

（3）故障特征融合。由于一维CNN提取信息的能力相较于二维CNN较弱[15]，因此首先将获得的三个故障特征进行维度变换，具体过程如图 2-25 中特征融合部分所示，将一维故障特征转化为二维特征矩阵（1024个特征转化为32×32的特征矩阵）。然后将三个特征矩阵进行融合，形成多通道特征矩阵。

（4）故障诊断。将得到的融合特征利用元学习器进行再学习，从融合特征中进行再次挖掘隐藏在高维空间中的模糊特征，并且纠正基学习器在特征学习中产生的错误，然后将再学习后的特征输入全连接层完成故障诊断任务。

2.3.2　FECNN参数设计

FECNN方法需要设计两种网络结构，分别是用于基学习器的1D CNN和用于元学习器的2D CNN，两种网络由于用途不同，导致结构设计要求也有所不同。

（1）基学习器参数设计。FECNN的基学习器使用的是具有不同激活函数的1D CNN，三种激活函数分别为tanh、ReLU、ELU激活函数，其他参数均保持一致。基学习器主要用于初步故障特征提取，目的是避免故障信息丢失，所以在1D CNN网络结构设计中，采用稍大的卷积核。1D CNN网络参数如表2-12所示。

表2-12　1D CNN网络参数

层数	网络层	参数大小	步长
1	卷积层	7×1,25	1
2	最大池化层	4×1	3
3	卷积层	7×1,50	1
4	最大池化层	4×1	3
5	全连接层	5500×1024	—
6	全连接层	1024×9	—

① 1D CNN的第一个卷积层，采用25个尺寸大小为7×1的卷积核对输入信号进行卷积运算，稍大的卷积核能够在增加其感受野的情况下，防止参数量激增。该卷积层步长设置为1，能够防止特征的丢失。经过卷积运算后，加入相应激活函数对卷积输出进行非线性激活。

② 1D CNN 的第二层为最大池化层，池化核大小为4×1，其目的是将卷积层提取到的特征降维，减少网络训练的参数，降低网络发生过拟合的可能。池化核步长设置为3，池化核每移动3个步长就进行一次池化运算。

③ 1D CNN 的第三层为卷积层，其尺寸大小、步长第一层相同，通过增加卷积核的数量，让该层学习到更加丰富的特征。经过卷积运算后，加入相应激活函数对卷积输出进行非线性激活。

④ 1D CNN 的第四层为最大池化层，其池化核大小、步长与第二层相同，其目的是降维第三层卷积层的输出特征。

⑤ 1D CNN 的第五、六层为全连接层。由于模型特征融合模块对特征尺寸要求，需要保证全连接层的倒数第二层输出特征尺寸为1024，因此第五层全连接层尺寸设置为5500×1024。在FECNN特征提取阶段需要预先训练1D CNN，因此第六层全连接层尺寸设置为1024×9。

（2）元学习器参数设计。FECNN的元学习器使用的是一个2D CNN网络，其主要作用是对输入特征矩阵进行二次挖掘并最终诊断故障，所以网络设置为卷积层-卷积层-池化层的结构形式。这种结构能够加深网络卷积层数，增加感受野的同时引入了更多的非线性元素，使网络诊断效果更好。其网络参数如表2-13所示。

表2-13　2D CNN网络参数

层数	网络层	数大小	步长
1	卷积层	5×5,16	1
2	卷积层	5×5,32	1
3	最大池化层	2×2	2
4	卷积层	5×5,64	1
5	卷积层	5×5,128	1
6	自适应最大池化层	4×4	—
7	全连接层	2048×1024	—
8	全连接层	1024×516	—
9	全连接层	516×9	—

① 2D CNN 的1～3层网络分别为卷积层、卷积层、最大池化层。第一层卷积使用16个尺寸大小为5×5的卷积核，步长为1。第二层卷积层使用32个尺寸大小为5×5的卷积核，步长为1。连续对数据进行两次卷积操作能够增大模型的感受野，并且每层卷积运算后，采用ReLU激活函数对卷积结果进行非线性运算，使模型的非线性映射能力更强。在两层卷积层之后，加入一层最大池化层，能够对前两层卷积运算的结果进行降维，减少网络训练的参数，降低网络发生过拟合的可能。

② 2D CNN 的4～6层与前三层类似，同样采用卷积-卷积-池化的模式。

区别在于第四层、第五层的卷积核个数分别为64、128。并且第六层使用的是自适应最大池化层，该层虽然也是进行最大池化操作，但其能够自动调整参数使输出特征达到需要的尺寸。

③ 2D CNN的7～9层为三层全连接层。这三层的主要作用是对学习到的故障特征进行诊断分类，因此在设计上增加深的全连接层的数量，引入更多的非线性元素，以提高模型的诊断能力。同时让全连接层的神经元逐层递减，降低模型训练的冗余。

2.3.3　仿真试验及结果分析

（1）仿真试验设计。首先，分别将时域、频域信号输入带有不同激活函数的CNN模型中进行对比，为激活函数的选择提供了指导性价值。其次，将FECNN与带有不同激活函数的CNN模型进行对比，验证FECNN的先进性。最后使用混淆矩阵可视化故障诊断的诊断结果，并将t-分布随机邻域嵌入（t-SNE）方法学习到的特征投射到二维空间中，以显示模型特征学习能力。

模型训练的参数设置：优化算法采用Adam优化算法，损失函数采用交叉熵损失函数，学习率为0.0002，batch size设置为64。模型迭代50次，在准确率达到历史最高时保存最佳参数。

（2）试验过程与结果分析。首先，将数据集进行预处理，使用 FFT 方法将时域信号转化为频域信号。其次，将频域信号输入 FFECNN 模型中进行训练。训练分为两个过程，首先使用训练数据集训练三个基学习器，使基学习器具备基本的特征提取能力，然后利用基学习器提取到的特征训练元学习器。

为了对比三种激活函数对模型泛化能力的影响以及验证频域信号在故障诊断中比时域信号更具有优势，将时域信号和频域信号分别输入三个基学习器进行训练。在训练过程中，每次迭代 50 个周期。为了减小试验的误差，每组试验分别重复十次。

时域信号和频域信号对比结果如图2-26所示，从图中不难发现：①在三种激活函数中，ReLU 激活函数的性能最为优异，其次是 ELU 激活函数，最

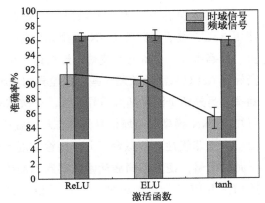

图2-26　时域信号和频域信号在使用不同激活函数的1D CNN下的准确率

后是 tanh 激活函数。对于频域信号，虽然 ELU 激活函数和 ReLU 激活函数准确率相差不大，但是使用 ReLU 激活函数的CNN 模型的误差更小，更加稳定。②使用频域信号作为输入要明显高于使用时域信号的故障诊断准确率。并且在十次试验中，使用频域信号作为输入的准确率波动性更小，说明频域信号不仅能提升诊断准确率，还能提升模型的鲁棒性。十次试验的具体结果在表2-14中给出。

表2-14　十次试验准确率

%

试验次数	时域信号			频域信号		
	ReLU	ELU	tanh	ReLU	ELU	tanh
1	91.2	91	85.8	96.7	95.9	95.4
2	91.4	90.8	85	96.8	96.8	96.2
3	91.1	89.6	83.7	97	96.2	96.2
4	91.8	90.5	85	96.8	96.8	95.5
5	91.6	90.1	86.6	96.7	96.6	95.9
6	90.5	90.5	85.7	95.9	96.3	96
7	90	90	85.1	96.6	97.2	96.3
8	90.7	90.3	86.5	95.9	96.2	96.1
9	91	90.9	85	96.9	97.3	95.1
10	91.9	90.3	85.2	96.5	96.8	95.8
平均值	91.3	90.4	85.3	96.6	96.6	95.8
最大值	91.9	91	86.6	97	97.3	96.3
最小值	90	89.6	83.7	95.9	95.9	95.1

　　如表 2-14 所示，对于时域信号，使用不同激活函数得到的结果差异明显。使用 ReLU 激活函数的 CNN 模型无论是平均值还是最大最小值都具有绝对优势，准确率在91.3%上下波动，最高达到91.9%。使用 ELU 激活函数时，各项指标比 ReLU 激活函数差一些，但差异均不超过 1%。使用 tanh 激活函数时，准确率与另外两个激活函数差异较大，十次试验平均值为 85.3%，最大值为 86.6。可知，CNN 模型对时域信号的特征难以提取，所以对激活函数的要求更高，需要引入强非线性才能拟合充分，而性能弱的激活函数将造成更差的准确率。对于频域信号，使用不同激活函数得到的准确率差异不明显。使用 ReLU 激活函数和使用 ELU 激活函数时，CNN 模型准确率相似，仅在最大值上 ELU 激活函数更优一点，比 ReLU 激活函数高 0.3%。而通过图2-27可知，虽然准确率差异较小，但是在稳定性上 ReLU 激活函数略胜一筹。对于 tanh 激活函数，相比于

其他激活函数在准确率上有所下降，但远远小于时域信号的下降程度，各项指标的下降不超过 1%。可知 CNN 模型对频域信号的特征更为敏感，能够提取到更为清晰的故障特征，因此对激活函数的要求更低，即使引入弱非线性也能较好地完成拟合。

当 CNN 训练完成后，保存频域数据集训练的三个 1D CNN 的网络模型参数，将频域数据集输入三个 1D CNN 中进行特征提取，将提取到的特征输入 2D CNN 进行训练。在训练过程中，每次迭代 50 个周期，重复训练十次。三个 1D CNN 和 FFECNN 的迭代过程的准确率如图 2-27 所示。

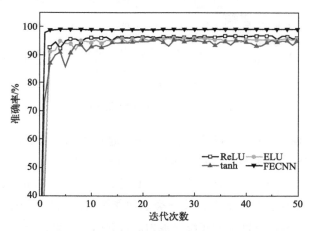

图2-27　三个1D CNN和FECNN模型迭代过程的准确率

其中 FECNN 模型的准确率最高能达到 99.1%，这证明了所提出的 FECNN 模型比任意单一 CNN 具有更强的泛化能力。并且 FECNN 具有最快的收敛速度，在第一次迭代就达到了 97.6%，而后准确率缓慢升高，在第 3 次迭代时就趋于稳定。而其他三个 CNN 模型，在第 15 次迭代左右，准确率才趋于稳定。此外，FECNN 模型的鲁棒性显然要比单一 CNN 更强，在迭代的过程中 FECNN 模型找到局部最优解后，准确率不变。而其他模型在准确率趋于稳定之后，依然在小范围内波动，尤其是使用 tanh 激活函数的 CNN 模型波动较大，难以长时间停留在局部最优解。

除此以外，使用混淆矩阵显示故障诊断的诊断能力的差异，如图 2-28 所示。使用 t-分布随机邻域嵌入（t-SNE）方法，将学习到的特征投射到二维空间中，以显示模型特征学习能力的差异，如图 2-29 所示。

如图 2-28 所示，显然使用 FECNN 模型能够很好地区分不同健康状态。其中，对于1（外圈故障）、2（内圈故障）和3（内外圈故障）、7（齿根故障），模型准确率可达100%；对于0（健康状态）与4（滚动体故障）、5（裂痕）和

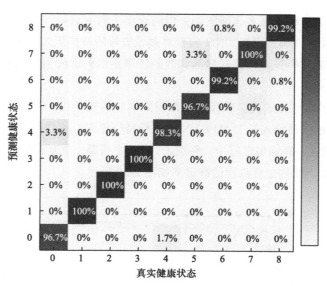

图2-28   FECNN模型混淆矩阵

7（齿根故障）两组故障仍有部分混淆，对于其他故障状态混淆程度均不明显。由图 2-29（见文后彩图）也可以进一步证明，对于2（外圈故障）、3（内圈故障）和4（内外圈故障）FECNN 模型能够完美区分，而对于其他健康状态虽不能做到完美区分，但聚类效果明显，类与类之间能够看到明显界限，证明 FECNN 模型具有出色的故障诊断能力和泛化能力。因此得出结论，与单一 1D CNN 模型相比，所提出的 FECNN 具有更强的泛化能力和鲁棒性。

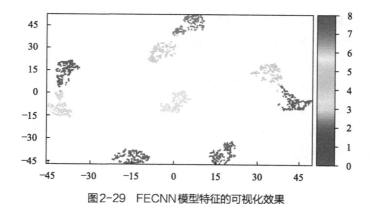

图2-29   FECNN模型特征的可视化效果

2.3.4   小结

针对传统的深度学习模型，在逐层学习故障特征过程中容易丢失一些隐藏在高维空间中的故障特征的问题提出一种FECNN模型，该模型有三个1D CNN和一个2D CNN网络模型集成而成，将时域信号转化为频域信号作为输入，能够自动提取振动信号中隐藏的故障特征，避免了关键信息的丢失。从试验结果也得到进一步证明，FECNN模型具有良好的特征提取和故障诊断的能力。与传统的深度学习方法相比，FECNN模型具有更高的故障诊断精度和鲁棒性。

2.4 多模态集成卷积神经网络的故障诊断

为了提升故障诊断算法对被噪声污染的样本的诊断能力，同时降低网络模型的参数，通常使用多种模态信号反映几组的健康状态，因此设计了一种多模态集成卷积神经网络（multimodal ensemble convolutional neural networks, MECNN）。使用不同模态的数据输入基学习器中，分别提取特征，然后将特征融合后输入元学习器中深度挖掘故障特征，最终在全连接层完成故障诊断任务。

2.4.1 多模态融合技术的基本理论

多模态融合可以联合多个学习任务所提取的特征信息，使不同模态之间的信息相互补充，与使用单模态相比，可以产生更丰富的目标特征。融合通常可以设置在三个不同的层级：数据层、特征层和决策层。

特征层融合示意如图2-30所示。为了缓解各模态中原始数据间的不一致性问题，首先从每种模态中分别提取特征的表示，然后在特征级别进行融合，即特征融合。不同域的信号均为不同模态。

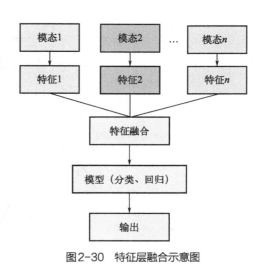

图2-30 特征层融合示意图

2.4.2 MECNN的故障诊断模型设计

深度学习的方法虽然能够自动提取特征并学习特征，但是在逐层提取特征的过程中，会丢失部分有价值的信息，这部分信息的丢失将会不同程度地影响故障诊断的精度。由于CNN模型的特征提取方式，导致无法在特征提取的过程中，在时域数据上无法提取频域特征，即时域数据和频域特征中均含有故障的信息，但是两者属于不同模态的信号。

Stacking学习法能够将不同的基学习器学习到的信息进行融合，然后利用元学习器对基学习器学习到的知识进行纠正或肯定。因此基学习器学习到的特征差异越大，元学习器的纠正与肯定的效果越好。与此同时，不同模态的信号包含了同一健康状态不同的健康特征，Stacking学习法能够肯定不同学习器中的有效信息并否定无效信息，从而降低了无效信息对诊断结果的影响，因此使模型具备一定的抗噪声能力。

（1）MECNN模型结构。首先利用多模态融合技术，将时域和频域两种模态信号分别输入基学习器中提取特征并融合，使故障特征更加丰富且全面。然后将融合特征输入元学习器中进行特征的深度挖掘，减少有效信息的丢失。最后在元学习器的全连接层完成故障诊断任务。MECNN模型结构如图2-31所示，模型主要分为四个功能模块，分别是数据预处理模块、故障特征提取模块、多模态特征融合模块、故障诊断模块。

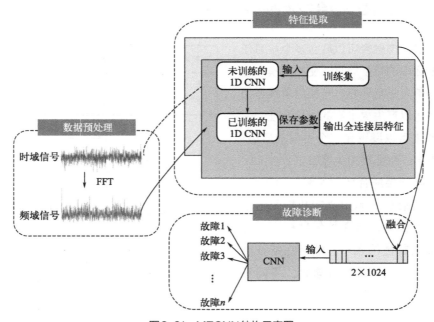

图2-31　MECNN结构示意图

① 数据预处理模块。由于时域信号和频域信号为不同模态的信号，不同模态的信号具有代表同一信号的不同特征，因此利用FFT方法将时域信号转变为频域信号，分别制作时域信号数据集和频域信号数据集。

② 故障特征提取模块。故障特征提取模块是由集成模型的基学习器部分组成，选用卷积神经网络作为集成模型的基学习器。分别将两个模态数据集输入对应基学习器中进行训练，模型达到最优后保存参数，此时基学习器便能够提取到故障特征。然后将不同模态的样本输入基学习器中，将全连接层的输出作为特征提取的结果。将输入数据和表层特征尺寸大小设置为相同（1×1024），这样能够得到多个模态中的故障信息，丰富了故障的整体特征和多样性。

③ 多模态特征融合模块。将多个模态的故障特征进行融合，设计了堆叠法和拼接法两种特征融合方式，如图2-32所示。拼接法将两种模态的特征首尾相接地拼接在一起，堆叠法将两种模态的特征通过多通道的形式堆叠在一起。

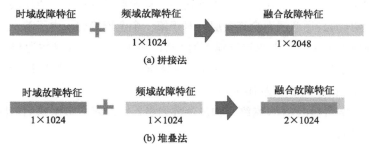

图2-32　两种特征融合方法示意图

④ 故障诊断模块。故障诊断模块是集成模型的元学习器部分，选用卷积神经网络作为集成模型的元学习器。将融合特征输入元学习器中进行再学习，挖掘深层特征自动学习并分类，最终在全连接层完成故障诊断的任务。

（2）MECNN参数设计。为了降低训练的参数量，MECNN模型由两个基学习器和一个元学习器组成，在故障诊断中ReLU激活函数在三种激活函数中显示的性能最好，因此使用ReLU激活函数。

由于两个模态的数据样本大小均为1×1024，设置提取到的特征尺寸也相同，因此所使用的两个表层CNN网络参数也相同，用于基学习器参数设计，如表2-15所示。

表2-15　表层CNN网络参数

层数	网络层	参数	步长
1	卷积层	7×1,25	1
2	最大池化层	4×1	3
3	卷积层	7×1,50	1
4	最大池化层	4×1	3
5	全连接层	5500×1024	—
6	全连接层	1024×9	—

① CNN 的第一个卷积层为 25 个尺寸大小为 7×1 的卷积核，小步长能够防止有效信息的丢失，因此设置卷积层步长为 1。经过卷积运算后，加入 ReLU 激活函数对卷积输出进行非线性激活。

② CNN 的第一个池化层为最大池化层，使用的是大小为 4×1 的池化核。通过池化运算，将第一层卷积层的输出进行降维。步长设置为 3，池化核每移动 3 个单位进行一次池化运算。该层能够减少网络训练的参数，降低网络发生过拟合的可能。

③ CNN 的第二个卷积层为 50 个尺寸大小为 7×1 的卷积核，步长为 1，通过增加卷积核的个数，增强模型的提取特征能力。经过卷积运算后，加入 ReLU 激活函数对卷积输出进行非线性激活。

④ CNN 的第二个池化层为最大池化层，其参数设置与第一池化层相同。

⑤ CNN 的最后两层为全连接层，对于第一个全连接层，由于前一层的网络层输出参数为 5500，且要求该层输出为 1024，因此设置该层参数为 5500×1024。对于第二个全连接层，由于前一层全连接层输出为 1024，且最终诊断健康状态为 9 种，因此设置其参数为 1024×9。

用于元学习器的 CNN 网络结构及参数如表 2-16 所示，该网络的前四层结构与基学习器的 CNN 一致。

表 2-16 深层 CNN 网络参数

层数	网络层	参数	步长
1	卷积层	7×1,25	1
2	最大池化层	4×1	3
3	卷积层	7×1,50	1
4	最大池化层	4×1	3
5	全连接层	5500×1024	—
6	全连接层	1024×512	—
7	全连接层	512×9	—

基学习器 CNN 与元学习器 CNN 的主要区别在于后三层网络结构，基学习器 CNN 主要作用是特征提取，因此只需满足必要的全连接层即可。而元学习器 CNN 不仅要对特征进行深度挖掘，还要实现故障诊断的任务。因此元学习器 CNN 的全连接层部分设置了三层，强化了其分类的能力。且为了防止参数量过于冗余，网络层的参数采用逐层递减的形式。

2.4.3 仿真试验及结果分析

时域数据集与上节数据集相同，为了验证模型的抗噪能力，在本次研究中在数据集中加入了信噪比 SNR=15 的高斯噪声，然后将时域数据通过 FFT 方法转化为频域数据，作为本次试验的频域数据集。

（1）仿真试验设计。首先，为了探究噪声对模型诊断能力的影响，将带有噪声的数据输入CNN模型中与无噪声数据进行对比。其次，设计了两种特征融合方案，分别将其应用到MECNN进行对比。然后，将MECNN与带有单一CNN模型进行对比，验证MECNN的先进性。最后，使用混淆矩阵可视化故障诊断的诊断结果，并t-分布随机邻域嵌入（t-distributed stochastic neighbor embedding, t-SNE）将学习到的特征投射到二维空间中，以显示模型特征学习能力。

模型训练的参数设置：优化算法采用Adam优化算法，损失函数采用交叉熵损失函数，学习率为0.0002，batch size设置为64。模型迭代50次，在准确率达到历史最高时保存最佳参数。

（2）试验过程与结果分析。首先将带有噪声的信号输入CNN网络中，与无噪声信号进行对比分析。为了避免试验结果具有偶然性，试验重复10次，试验结果如图2-33所示。

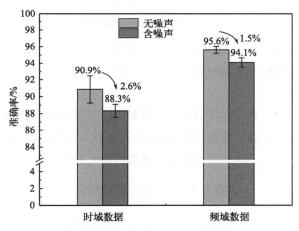

图2-33 SNR=15的噪声在基于CNN的故障诊断中的影响

如图2-33所示，显然无论是时域数据还是频域数据，引入噪声均对诊断结果造成了影响。在基于时域信号的CNN故障诊断模型中，信号不含有噪声时十次平均准确率为90.9%，而信号被噪声污染后，平均准确率降为88.3%，准确率下降了2.6个百分点。对于频域信号，无噪声时CNN十次平均准确率为95.6%，有噪声时准确率降为94.1%，平均准确率下降了1.5个百分点。说明噪声会对模型的故障诊断性能产生负面影响。

此外，时域数据在引入噪声前后，平均准确率变化2.6%，而频域数据的变化为1.5%。不难看出，将时域数据经FFT方法转化为频域信号，不仅能够提升模型的故障诊断精度，而且对于模型的抗噪能力也具有一定的正面影响。

　　针对MECNN的特征融合部分，分别将堆叠法和拼接法两种融合方案应用到MECNN中进行对比试验分析，试验重复十次，结果如图2-34所示。

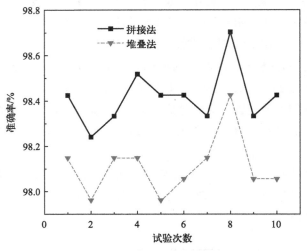

图2-34　堆叠法和拼接法准确率对比

　　虽然使用两种方法的MECNN模型的准确率在数值上区别很小，但依然能够明显看到使用拼接法的MECNN模型性能更优，平均准确率为98.4%，最高一次准确率达到98.7%。

　　本研究还将MECNN模型和分别使用时域、频域的单一CNN模型使用噪声数据集进行了对比试验。每次训练迭代50个周期，并且每组试验重复十次。十次结果如表2-17所示，迭代过程的准确率如图2-35所示。

表2-17　十次对比试验结果

单位：%

试验次数	时域CNN	频域CNN	MECNN
1	87.7	94.1	98.42
2	88.1	93.6	98.2
3	88.35	94.6	98.3
4	88.5	94.2	98.5
5	87.4	93.9	98.4
6	88.7	94.3	98.4
7	88.0	94.2	98.3
8	88.6	94.0	98.7
9	88.5	93.7	98.3
10	89.0	94.0	98.4
最大值	89.0	94.6	98.7

续表

试验次数	时域CNN	频域CNN	MECNN
最小值	87.4	93.6	98.2
平均值	88.3	94.1	98.4

由图2-35可知，MECNN模型要比单一网络更高，准确率可达98.7%。说明MECNN模型整合了时域特征和频域特征，使特征更加具有丰富性和多样性，使模型具有更强的泛化能力。并且可以看到MECNN模型能够更快地找到局部最优解，几乎在第一次迭代时就找到了局部最优解（98.7%），而后保持在局部最优几乎没有波动。而频域CNN在第5次迭代时找到局部最优解（94.7%），之后围绕局部最优解波动。时域CNN在第11次迭代才找到局部最优解（89.1%），之后围绕局部最优解波动。说明MECNN模型能够更快地寻找局部最优解，并且具有更强的鲁棒性。

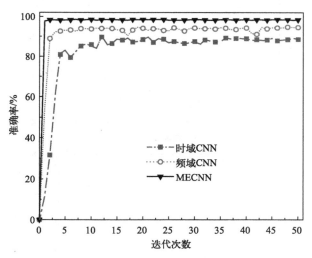

图2-35　MECNN与单一CNN模型迭代过程对比

此外，还用t-SNE的方法对单一CNN和MECNN进行了对比，t-SNE可以将学习到的特征投射到二维空间中，以显示模型学习特征的能力。t-SNE结果如图2-36（见文后彩图）所示，使用时域信号的CNN模型的特征学习能力较差，部分故障难以很好地区分，并且聚类效果不明显。使用频域信号的CNN模型，特征学习能力得到了很好的提升，说明模型对频域特征更敏感。使用MECNN模型的t-SNE结果中可以发现，各类故障聚类明显，且各类故障之间可以很好地划分开来。说明本文所提MECNN模型的特征学习能力要优于单一的CNN模型。

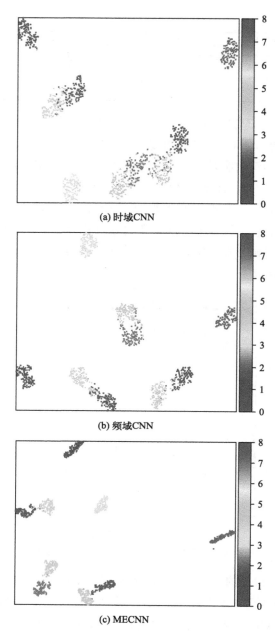

(a) 时域CNN

(b) 频域CNN

(c) MECNN

图2-36　t-SNE对比图

使用混淆矩阵将MECNN故障诊断结果可视化，结果如图2-37所示。从图中可知，MECNN模型对于2（外圈故障）、3（内圈故障）和4（内外圈故障）能够完美区分，对于其他健康状态，虽不能完美区分，但被混淆部分很少。说明MECNN模型在噪声环境下依然具有较高的准确率。

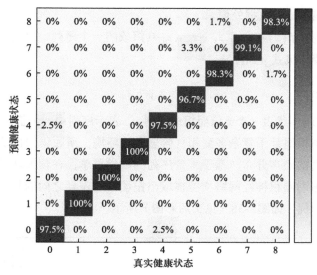

图2-37　MECNN故障诊断结果混淆矩阵

2.4.4　小结

一种基于多模态集成卷积神经网络的风力齿轮箱的故障诊断方法，该方法结合多模态特征融合方法和集成CNN方法。模型首先将不同模态的信号分别输入基学习器CNN中进行特征提取，然后将提取到的特征进行融合，最后将融合后的特征输入元学习器CNN中进行再学习，深度挖掘特征并完成故障诊断任务。在数据中加入信噪比SNR=15的高斯白噪声，用于模拟所建立的模型在噪声环境下的故障诊断性能。结果显示所提出的方法相比于单一的CNN模型具有更强的泛化能力和抗噪声能力，能够很好地识别齿轮箱的健康状态。识别效率可以达到98.7%。仿真试验结果证明了MECNN的可行性与先进性。

2.5　一维大尺寸卷积神经网络在故障诊断中的应用

在故障诊断领域，强噪声条件下的滚动轴承的识别精度低和抗噪声能力差是一个具有挑战性的难题，随着深度学习的故障诊断方法在应用方面越来越成熟，构建了一维大尺寸卷积神经网络模型1DLSCNN（one dimensional large scale convolutional neural network）。该模型是将差分序列作为数据预处理模块对输入的振动信号进行数据处理。

差分序列由 $f(x) = z_1, z_2, z_3 \cdots z_{n-1}, z_n \cdots$ 组成的一个序列，那么定义一阶差分序列的数学模型见式（2-12）：

$$\Delta z_n = z_{n+1} - z_n \tag{2-12}$$

式中，$f(x)$ 代表 n 个 z 值而组成序列，z 表示序列中一个值。

由于风电机组处于复杂多变和气候恶劣的环境，所收集的振动信号在不同频率存在不同的噪声分布，基于差分序列的数学思想，在预处理阶段增加差分序列，可以帮助卷积神经网络模型提取出振动信号差异之间的特征，从而有效减少了噪声干扰，如图2-38（见文后彩图）所示。

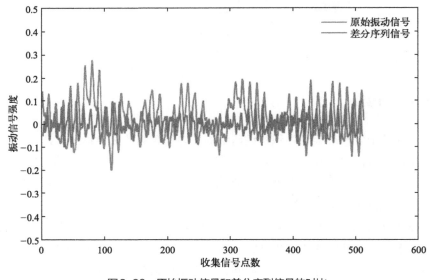

图2-38   原始振动信号和差分序列信号的对比

2.5.1   一维大尺寸卷积神经网络模型

1DLSCNN 的故障诊断模型如图2-39所示，该模型的输入为一维振动信号，利用差分序列的数据预处理模块，可以有效地增强在强噪声条件下模型的特征提取能力，并利用大尺寸卷积层和1×1卷积核相结合的方法去提取输入数据的特征，对于提取特征有两种作用，一是大尺寸卷积层能够获得较大范围的感知；二是1×1卷积核能够强化模型非线性表达能力，使提取出的特征信息量达到了最大化。同时，利用 Adam 优化算法的自适应机制调节参数，能够降低模型的计算量，同时提高模型故障诊断识别的准确率。最后使用 Softmax 分类器进行输出，并进行分类识别。

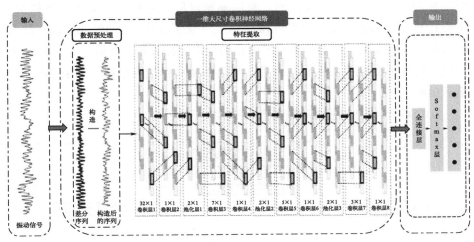

图2-39 基于1DLSCNN的故障诊断模型

该模型由四部分组成，第一部分是输入模块，第二部分是数据预处理模块，第三部分是特征提取模块，第四部分是输出模块。其中第二部分数据预处理模块是把原始一维振动信号通过差分序列处理后并和原始振动信号进行构建拼接，第三部分特征提取模块是由 1DLSCNN 模型结构构成，该网络模型的具体参数，如表2-18所示。

表2-18 1DLSCNN的参数表

结构名称	网络层名称	卷积核	步长	核数目	输出尺寸
输入	—	—	—	—	—
特征提取	卷积层1	32,1	4	6	512,1
	卷积层2	1,1	1	6	512,1
	池化层1	2,1	2	6	256,1
	卷积层3	7,1	2	16	128,1
	卷积层4	1,1	1	16	128,1
	池化层2	2,1	2	16	64,1
	卷积层5	5,1	2	32	32,1
	卷积层6	1,1	1	32	32,1
	池化层3	2,1	2	32	16,1
	卷积层7	3,1	2	64	8,1
	卷积层8	1,1	1	64	8,1
全连接层	全连接层	—	—	128	—
输出层	—	—	—	10	—

表2-18中一维大尺寸卷积神经网络的特征提取结构是由8个卷积层与3个池化层、2个全连接层构成的。每层卷积层后面分别连接 ReLU 函数层，主要是对上一层输出进行非线性激活。全连接层由128个神经元组成，该全连接层作为隐含层，将卷积输出的特征转换为特征向量；最后一层采用10个神经元组成的全连接层来实现分类，该全连接层作为输出层，采用 Softmax 激活函数。

1DLSCNN 模型的故障诊断流程如图2-40所示。

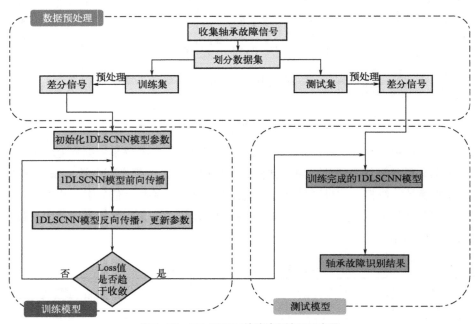

图2-40　1DLSCNN故障诊断流程示意图

具体步骤如下所述。

步骤1：在同一工况条件下，使用传感器采集滚动轴承上不同故障直径的信号。

步骤2：使用差分序列方法对已采集的振动信号进行预处理，将训练集和已被差分序列处理过的数据进行重新构建，并根据轴承不同故障类别，使用One-Hot编码制作标签。将振动信号分为80%的训练集和20%的测试集。把带有标签的振动信号数据输入1DLSCNN模型中。

步骤3：初始化1DLSCNN模型的参数。设定网络模型初始参数，根据训练误差和泛化误差之间的关系，确定网络的Batchsize、学习率等参数。

步骤4：将1DLSCNN模型进行前向传播训练和进行反向传播，更新参数，如果1DLSCNN模型的Loss值没有趋于收敛时，重新返回进行前向传播训练，然后再进行反向传播，更新参数，直到1DLSCNN模型的Loss值趋于收敛时，保存最优模型。

步骤5：保存最优1DLSCNN模型，然后把测试集输入最优1DLSCNN模型中。

步骤6：输入Softmax分类器中，得到输入数据对应于每个类别的概率，根据概率值判断输入数据所属类别。

2.5.2 仿真试验及结果分析

采用美国凯斯西储大学数据集，具体数据集划分如表2-19所示。

表2-19 数据集划分

故障类型	故障直径/mm	训练集样本个数	测试集样本个数	标签
正常	—	600	150	1
滚动体故障	0.1778	600	150	2
	0.3556	600	150	3
	0.5334	600	150	4
内圈故障	0.1778	600	150	5
	0.3556	600	150	6
	0.5334	600	150	7
外圈故障	0.1778	600	150	8
	0.3556	600	150	9
	0.5334	600	150	10

数据集对十种不同的故障类型和故障尺寸进行仿真试验，采集振动信号的频率是12kHz，故障类型分为四种类型，包括正常、滚动体故障、内圈故障和外圈故障，故障类型的转速为1797r/min，负载为0HP，故障直径分别为0.1778mm、0.3556mm、0.5334mm，采集不同故障类型的数据点，一个样本点是连续2048个数据点，每种故障类型采集600个样本作为训练集，同时另外选取150个样本作为测试集。数据集中训练样本总数为6000个，测试集样本总数为1500个。为了验证一维大尺寸卷积神经网络模型在不同的噪声条件下的故障诊断准确率，给测试集样本添加不同等级的信噪比−6dB、−4dB、−2dB、0dB、2dB、4dB、6dB、8dB和10dB的噪声，如图2-41所示。

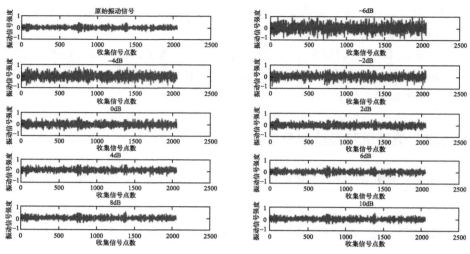

图2-41　增加信噪比的振动信号

（1）数据预处理。训练集样本和测试集样本的数据预处理如图2-42所示。训练集样本和测试集样本通过把一维振动信号利用滑动窗口（无重叠采样）进行切片，每一个切片进行差分序列处理,然后把原始的切片和进行差分序列处理的切片进行样本组合，这样的样本组合能够获得更多特征。

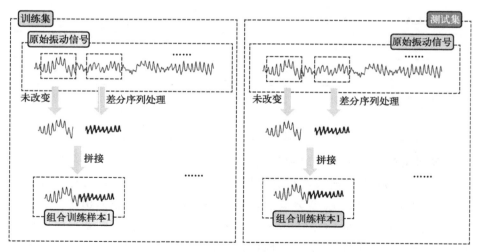

图2-42　数据预处理

1DLSCNN模型中卷积核可以挖掘振动信号的更深层次特征，然而，收集的振动信号在实际状况下没有除去噪声，在数据预处理阶段对其信号进行处理，并将其融入振动信号序列，制作出有差分的序列。方法具体如下所述。

未处理的振动信号数学模型见式（2-13）：

$$S_t = \hat{S}_t + N_t \tag{2-13}$$

式中，S_t 代表的是在 t 时刻未经处理的振动信号；$\hat{S}_t$ 代表的是 t 时刻不含有噪声的振动信号；而 N 代表的是 t 时刻的噪声信号。因此，在 $t+1$ 时刻，其信号的数学模型见式（2-14）：

$$S_{t+1} = \hat{S}_{t+1} + N_{t+1} \tag{2-14}$$

在实际生活中，一般设定采样振动信号的时间间隔为 0.02 秒/次，假设噪声恒定不变，则由公式（2-14）得：

$$N_t = N_{t+1} \tag{2-15}$$

因此，差分序列构造出的信号，可将原始信号中的噪声降到最低，公式（2-16）如下：

$$S_{t+1} - S_t = \hat{S}_{t+1} - \hat{S}_t \tag{2-16}$$

式中，$\hat{S}_{t+1} - \hat{S}_t$ 为未带噪声信号的差分特征；而 $S_{t+1} - S_t$ 为原始信号的差分特征，见式（2-17）和式（2-18）：

$$s_0 = S_0 \tag{2-17}$$

$$s_i = S_i - S_{i-1} \tag{2-18}$$

则由 $s(i=0,1,\cdots,N)$ 构成的差分序列与消除噪声后的振动信号有相同的差分特征，最大程度减少在振动信号中消除噪声的复杂流程。同时，通过差分序列将最值进一步放大，能够利用 1DLSCNN 模型寻找故障特征。

（2）参数设计。在 1DLSCNN 模型的训练过程中，将数据集 A 的 Batchsize 设置为 8 个、16 个、32 个、64 个和 128 个五种样本处理数进行分析对比，结果如图 2-43 所示。与其他的 Batchsize 准确率相比较，Batchsize=64 的准确率是最高的，且收敛过程是最快的。因此，1DLSCNN 模型选用 Batchsize=64 。

对于同一个分类任务或模型，优化器的不同将会影响模型的分类准确度和训练速度，因此，选择合适的优化器对于模型具有重要作用，而在训练 1DLSCNN 模型过程中，优化器分别选择 SGD、Adam、RMSprop、Adadelta 和 Adagrad 进行分析对比，结果如图 2-44 所示。与其他的优化器准确率相比较，Adam 使得模型的训练过程最快收敛，且准确率也最高。

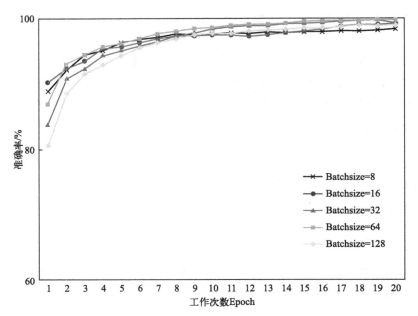

图2-43　样本处理数Batchsize对模型的影响

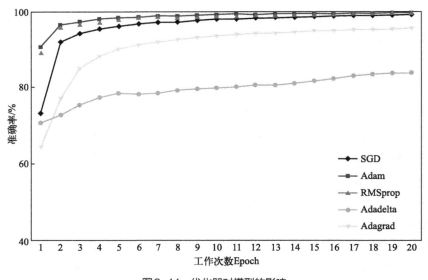

图2-44　优化器对模型的影响

最后，1DLSCNN 模型选用 Adam 优化器，同时借鉴 Kingma 论文[11]推荐 Adam 的学习率，利用 Adam 优化算法的自适应机制调节参数，减少了模型的计算量和提高了模型的准确率，该学习率的参数为 0.001。

（3）模型训练结果。为了验证 1DLSCNN 模型在强噪声条件下的故障诊断识别性能，评估和分析噪声对模型性能的影响，如图2-45所示。因此设计了一种数据集，分为四种数据类型，包括正常类型、滚动体故障类型、内圈故障类型和外圈故障类型，数据集以5:1的比例关系分成模型训练集和模型测试集，而其中的模型训练集直接输入模型进行训练；模型测试集添加不同的信噪比，然后输入模型进行测试。

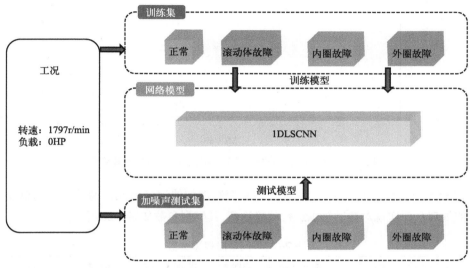

图2-45　1DLSCNN模型仿真试验示意图

（4）模型测试结果。1DLSCNN 模型对训练集样本进行训练，调整最优参数之后，1DLSCNN 模型通过在不同的信噪比条件下对测试集样本进行测试，试验结果如图2-46所示。曲线代表测试集样本输入该模型在不同信噪比下的准确率，可以得出当信噪比逐渐增大时，1DLSCNN 模型的准确度增高；当信噪比为 −4dB 时，1DLSCNN 模型准确度为91%；当信噪比为 0dB 时，1DLSCNN 模型准确度为94.1%；在高信噪比下，该模型的准确度超过98%。

2.5.3　模型噪声测试试验和分析

（1）对比分析 。为了验证本方法在噪声环境下故障诊断识别的有效性，将其与 SVM、KNN、LST、1D-LeNet-5、1DCNN五种模型进行对比。其中：

① 支持向量机（SVM）。SVM 在传统的机器学习中因其优异的分类性能和鲁棒性被广泛用于故障诊断领域，它具有高分类精度的优点。

② K- 最近邻（K-NN）。K-NN 是一种用于分类的非参数化方法。借鉴论文[16]，故K值设置为2。

③ 长短时记忆（LSTM）。LSTM 是循环神经网络（RNN）的一种，就是通

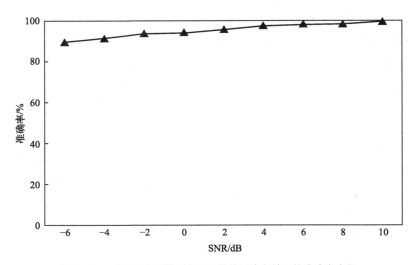

图2-46　1DLSCNN模型在不同的信噪比条件下的准确率变化

过3个门：遗忘门、输入门和输出门来控制增加的记忆单元，通过对记忆单元的处理从而实现对滚动轴承进行故障诊断，其模型参数如表2-20所示。

表2-20　LSTM模型参数

LSTM参数	输入维度	输出维度	隐藏层	批处理个数	循环次数	学习率
大小	1024	1024	300	7	50	0.001

④ 1D-LeNet-5卷积神经网络。该网络采用两层卷积层和一层最大池化层提取信号特征，采用两个全连接层进行故障分类。

⑤ 一维结构卷积神经网络（1DCNN）。该网络采用六组卷积层和最大池化层提取信号特征，采用三个全连接层进行故障分类。

试验结果如图2-47所示，可以看到六种模型在不同等级的信噪比-6dB、-4dB、-2dB、0dB、2dB、4dB、6dB和10dB上都有很高的故障识别率。当信噪比为-4dB时，SVM模型、K-NN模型属于浅层学习模型，但这两种模型获取到的能量熵有着良好的鲁棒性，造成SVM模型、K-NN模型在噪声条件下准确度都接近70%，LSTM模型、1D-LeNet-5模型和1DCNN模型都具备提取特征的学习能力，故三种模型在噪声条件下准确度高于70%，且具备较好的稳定性与准确性；当信噪比为6dB时，它们的准确率在90%以上。总体上来说，这六种模型具有出色的特征提取和分类能力。但相比之下，1DLSCNN模型在不同等级的信噪比下有着更高的故障识别率，且准确率为六种模型中是最高的。

（2）可视化特征分析。为了进一步验证本方法在强噪声条件下故障分类的有效性，利用t-分布随机近邻嵌入（t-distributed stochastic neighbor embedding,

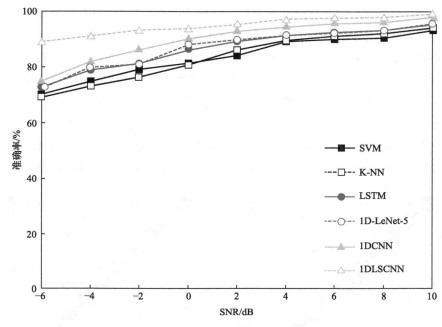

图2-47 不同模型在不同信噪比条件下的故障诊断结果对比

t-SNE）算法对 1DLSCNN 模型进行验证，首先使用训练集样本在 1DLSCNN 模型上进行训练，然后使用测试集样本在训练好的模型上测试。通过图2-48（a）训练集样本在训练前t-SNE可视化和图2-48（b）测试集样本在测试后t-SNE可视化的对比结果来看（见文后彩图），表明 1DLSCNN 模型具有良好的故障诊断能力和较高的诊断精度，且具备较好的泛化能力。

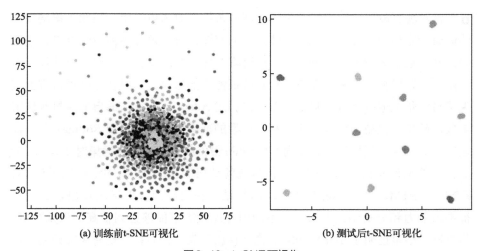

(a) 训练前t-SNE可视化   (b) 测试后t-SNE可视化

图2-48 t-SNE可视化

（3）仿真试验结果评价指标。混淆矩阵可以更加直观地分析 1DLSCNN 模型对不同标签样本的分类性能，通过对上述文章的六种模型准确率的对比，采用其中准确率最高的两种模型 1DCNN 模型与 1DLSCNN 模型，利用混淆矩阵对的识别准确率进行可视化，如图2-49所示。从图 2-49 中可以看出，图 2-49（a）中的标签2、3和4的分类准确率是97.8%、97.7%和97.8%，而图2-49（b）的标签2、3和4的分类准确率是99.5%、99.5%和99.5%，分别比图2-49（a）的标签2、3和4高出 1.7%、1.8%和1.7%，这说明了 1DLSCNN 比 1DCNN 表现出更好的故障诊断和分类性能，尤其体现在强噪声条件下对滚动轴承故障的识别。

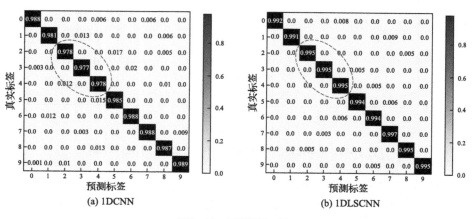

图2-49　混淆矩阵对比

2.5.4　小结

针对现有故障诊断方法在强噪声环境条件下对风电机组齿轮箱的滚动轴承的健康状态识别精度低、抗噪声能力差的问题，应用差分序列对数据进行预处理，然后通过大尺寸卷积核和1×1卷积核进行结合，设计了一维大尺寸卷积神经网络。该模型能够减少噪声干扰对特征提取的影响，同时在特征提取方面实现了最大化提取故障数据特征信息，并利用 Adam 优化算法的自适应机制调节参数，减少了模型的计算量和提高了模型的准确率，最后应用 Softmax 分类器进行分类识别。利用工况转速为1797r/min和负载为0HP的数据集对 1DLSCNN 进行了故障诊断仿真试验验证。仿真试验结果表明，1DLSCNN 相比于SVM、K-NN、LSTM、1D-LeNet-5和1DCNN算法，在强噪声条件下表现出较好的特征提取能力和分类识别能力，在不同信噪比状态下能够达到较高的识别精度。仿真试验结果证明了 1DLSCNN 的稳定性和可靠性，弥补了现有故障诊断方法针对强噪声的故障诊断上的不足。

2.6　基于角域重采样下多尺度核卷积神经网络故障诊断

多种工况可能影响模型算法，使得滚动轴承故障诊断识别精度低和泛化能力差，构建了基于角域重采样下的多尺度核卷积神经网络模型。该模型通过角域重采样能够分离出与转速有关的振动信号，利用不同的分支去提取滚动轴承的匀速状态或变转速状态的特征信息并进行信息融合，减少转速变化对振动信号带来的差异性，从而实现了对滚动轴承进行故障诊断。

多尺度核卷积神经网络是基于 GOOGLENET 的 Inception 模型提出的，如图2-50所示。网络主要用于解决网络参数量过多而引起的过拟合以及花费更多的时间、储存资源等问题，在网络模型中 Inception 层模块中引入稀疏连接，将稀疏矩阵分解为两个或者两个以上的子稠密矩阵，能够使得稀疏矩阵相乘获得最优效果，同时也为该网络模型带来了多尺度特征，丰富了模型提取的特征信息。

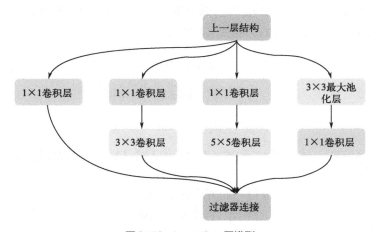

图2-50　Inception 层模型

① 多尺度核结构。多尺度核层是利用模型 Inception 层的思路改变而成的，如图2-51所示，把划分好训练集样本和测试集样本通过多个尺度进行平均池化（池化尺寸分别取[1,1]、[2,1]、[3,1]和[4,1]，步长分别取$s=1$、$s=2$、$s=3$、$s=4$），从而获取到不同尺度下的子信号，然后利用不同尺度下子信号同时进行卷积，能够提取到不同尺度下子信号的特征信息。其原理是利用分解稀疏矩阵，获取到密集矩阵，从而加快了收敛速度，同时汇聚相关性强的特征信息。而相比传统的卷积层，该模型输出的特征信息基本上是均匀分布，且提取出的特征更为丰富。

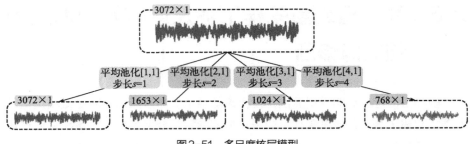

图2-51 多尺度核层模型

② 角域重采样。角域重采样的原理如图2-51所示，对一维振动信号进行角域重采样，首先预估等角度采样发生的时间序列，所以我们假设转动的角加速度是常量，那么转角相对于时间的关系呈二次函数型，于是可以通过拟合得到转角 $\theta(t)$ 的方程，其数学模型见式（2-19）：

$$\theta(t) = c_1 t^2 + c_2 t + c_3 \qquad (2\text{-}19)$$

式中，三个系数 c_1、c_2、c_3 由三个转角 θ_1、θ_2、θ_3 和时间 t_1、t_2、t_3 来确定。每隔 ΔE 发生一个信号脉冲，假设第一个脉冲到达时设转角为 θ，那么联立方程式（2-20）、式（2-21）和式（2-22），得出：

$$\theta(t_1) = 0 \qquad (2\text{-}20)$$

$$\theta(t_2) = \Delta E \qquad (2\text{-}21)$$

$$\theta(t_3) = 2\Delta E \qquad (2\text{-}22)$$

将此（2-20）、式（2-21）和式（2-22）代入式（2-19），可得到公式（2-23）：

$$\begin{bmatrix} 1 & t_1 & t_1^2 \\ 1 & t_1 & t_2^2 \\ 1 & t_1 & t_3^2 \end{bmatrix} \begin{bmatrix} c_1 \\ c_2 \\ c_3 \end{bmatrix} = \begin{bmatrix} 0 \\ \Delta E \\ 2\Delta E \end{bmatrix} \qquad (2\text{-}23)$$

解方程式（2-23）得出 c_1、c_2、c_3，再综合上式（2-23），得出时间 t，由公式（2-24）表示：

$$t = \frac{1}{2c_3} \left(\sqrt{4c_3(\theta - c_1) + c_2^2} - c_2 \right) \qquad (2\text{-}24)$$

因此，可以利用系统相角 θ 值（范围是 $0 \sim 2\Delta E$ ）算出其相对应的时间 t。而利用相角 θ 在 $0 \sim 2\Delta E$ 等间隔划分，可以相应地获取到等角度采样所需要的时间序列，从而就实现了振动信号从等时间间隔的时域采样，变换到了等角度间隔的角域采样。

振动信号进行等角度间隔采样之后，获取到时间序列 $A(\theta)$，其中使用到的数学模型见式（2-25）和式（2-26）。

采样长度：

$$B = C\Delta\theta \tag{2-25}$$

等角度采样间隔：

$$\Delta\theta = \frac{1}{D} \tag{2-26}$$

式中，B代表的是采样长度；C代表的是序列点数；D代表的是采样点数。

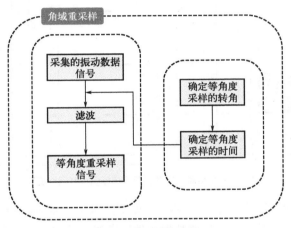

图2-52　角域重采样

首先采集原始振动信号，其次确定角域重采样的采样转角 θ，从而确定采样时间 t，然后进行滤波处理，获取到等角度采样的信号，能够有效地把转速相关联的原始信号分离出来，信号从而减少了跟转速没有关联的干扰作用（图2-52）。

风电机组齿轮箱滚动轴承在实际运行工作中，都会发生转速波动，转速波动的随机性是其特性之一，从而采集到的振动信号是一种非平稳的状态。转速越高则说明振动信号的波形变化越大，反之波形变化越小。如果提高采样振动信号的频率，获取到采样点序列会呈现出密集现象，从而减少了丢失特征信息的数量。

2.6.1　角域重采样下多尺度核卷积神经网络模型

角域重采样的多尺度核卷积神经网络——ADR-MCNN（multi-scale

convolution neural network for angular domain resampling）。基于 ADR-MCNN 的故障诊断模型如图 2-53 所示，该模型的输入为一维振动信号，利用角域重采样的数据预处理模块，可以有效增强特征提取的能力，并采用多个不同的分支去提取滚动轴承的匀速状态或变转速状态的特征模块，提取特征信息之后再进行信息融合，最后应用 Softmax 分类器实现分类识别。该模型有效地减少转速变化对振动信号带来的差异性，提高了在多工况条件下的准确率。

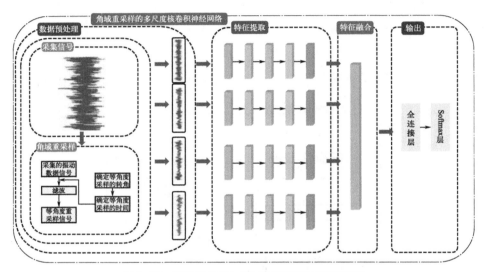

图2-53　角域重采样的多尺度核卷积神经网络模型

　　图 2-53 中的特征提取模块具体结构如下，采集到的振动信号利用角域重采样方法进行数据预处理，然后将数据预处理完成之后的数据样本分别进行平均池化（池化尺寸分别取 [1,1]、[2,1]、[3,1] 和 [4,1]，步长分别取 $s=1$、$s=2$、$s=3$、$s=4$），获取到在四个尺度下的子信号，将其子信号分别进行特征提取，而特征提取每一分支组成都是由卷积层、BN 层、池化层和 ReLU 激活函数层构成。整个结构模型分为两部分，第一部分包括每一分支第一层卷积层的卷积核尺寸分别设置为 1024×1512、1256×1、128×1，数量均为 16 个，第二部分包括每一分支每一层卷积层的卷积核尺寸均设置为 3×1，数量分别为 32、64、64、64，池化层的尺寸均设置为 2×1，数量分别为 32、64、64、64。每个卷积层后分别连接 BN 层、池化层和 ReLU 激活函数层。数据采用美国凯斯西储大学数据。由于风力发电机的变速箱所处的环境多变，故障特征分布不均衡，在不同的尺度下得出不同的特征需进行特征融合。然后利用全连接层和 Softmax 层对融合后的特征进行分类识别。其中在全连接层上加入 Droupt 防止模型过拟合导致的模型的泛化能力不足，同时在最后一层使用 Softmax 层，并利用 L2 正则项优化模

型，如图 2-54 所示。

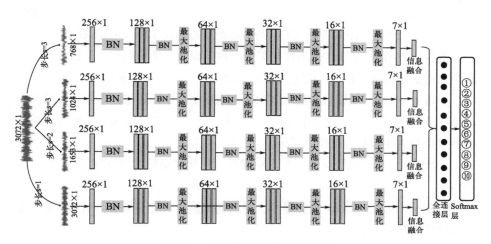

图 2-54 多尺度核卷积神经网络模型

ADR-MCNN 模型的故障诊断流程如图 2-55 所示。

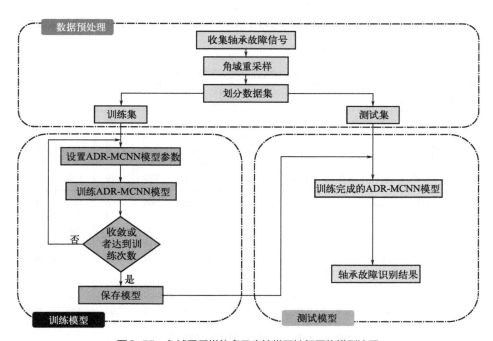

图 2-55 角域重采样的多尺度核卷积神经网络模型流程

具体步骤如下所述。

步骤 1：使用传感器采集不同工况条件下的不同故障时轴承工作时的振动信号。

步骤2：使用角域重采样方法对采集上的振动信号重新采样，并根据轴承不同故障类别，使用One-Hot编码制作标签。将振动信号分为80%的训练集和20%的测试集。振动信号作为带有状态标签的原始数据输入ADR-MCNN模型中。

步骤3：初始化ADR-MCNN模型的参数。设定网络模型初始参数，根据训练集和测试集样本点数目，确定网络的Batchsize、学习率等参数。

步骤4：将训练集输入构建的ADR-MCNN模型中，通过四个不同尺度去提取出的不同的特征，然后进行信息融合，把融合后的信息输入全连接层，防止模型过拟合而导致的泛化能力不足。

步骤5：保存训练好ADR-MCNN模型，把测试集输入训练好ADR-MCNN模型中。

步骤6：输入Softmax分类器中，得到输入数据对应于每个类别的概率，根据概率值判断输入数据所属类别。

2.6.2　仿真试验及结果分析

（1）数据划分。数据集来源于美国凯斯西储大学数据集，具体数据集划分如表2-21所示。

表2-21　滚动轴承故障数据划分

故障类型		内圈			外圈			滚动体			正常
类型标签		1	2	3	4	5	6	7	8	9	10
损伤直径/mm		0.17	0.35	0.53	0.17	0.35	0.53	0.17	0.35	0.53	0
工况 A	训练	800	800	800	800	800	800	800	800	800	800
	测试	200	200	200	200	200	200	200	200	200	200
工况 B	训练	800	800	800	800	800	800	800	800	800	800
	测试	200	200	200	200	200	200	200	200	200	200
工况 C	训练	800	800	800	800	800	800	800	800	800	800
	测试	200	200	200	200	200	200	200	200	200	200
工况 D	训练	800	800	800	800	800	800	800	800	800	800
	测试	200	200	200	200	200	200	200	200	200	200

通过把收集数据分为四种不同工况条件下进行了仿真试验，轴承驱动端信号采样频率为12kHz，四种工况分别为工况A、工况B、工况C和工况D。

工况 A 的转速为 1797r/min，负载 0HP；工况 B 的转速为 1772r/min，负载 1HP；工况 C 的转速为 1750r/min，负载 2HP；工况 D 的转速为 1730r/min，负载 3HP。每种工况的故障类型分为正常类型、外圈故障类型、滚动体故障类型和内圈故障类型，其中正常类型的损失直径是 0mm；每一个内圈类型、滚动体类型和外圈类型的损伤尺寸分别为 0.17mm、0.35mm、0.53mm。当采集每一种故障类型时，从振动信号的第一个数据点开始，选择连续 3072 个数据点为一个样本，每种故障类型采集 800 个样本作为训练集，同时另外选取 200 个样本作为测试集。数据集中训练样本总数为 32000 个，测试集样本总数为 8000 个。将正常、滚动体故障、内圈故障和外圈故障的不同故障尺寸分别与类别标签对应。

（2）数据预处理。训练集和测试集的数据预处理如图 2-56 所示。训练集和测试集分别通过把每一个样本的一维振动信号序列组成一个圆形，然后通过角域重采样规定好的转角角度（无重叠采样）进行切片，然后把每一个切片输入模型中，这样的切片样本能够获得更多特征。

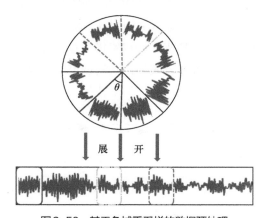

图2-56　基于角域重采样的数据预处理

（3）参数设计。在训练 ADR-MCNN 模型的过程中，通过多次改变 Batchsize 样本，发现 Batchsize=64 的准确率是最高的，故 ADR-MCNN 模型选用 Batchsize=64。

ADR-MCNN 模型选用 Kingma 等在论文推荐学习率的参数 0.001。

（4）训练结果及分析。为了验证 ADR-MCNN 模型在多种工况条件下的故障诊断识别性能，评估和分析多工况对模型性能的影响，如图 2-57 所示。因此设计了四种工况数据集，每种工况下的样本包括正常类型、滚动体故障类型、内圈故障类型和外圈故障类型，按比例分为训练集和测试集，而训练集输入模型进行训练；测试集样本输入模型进行测试。

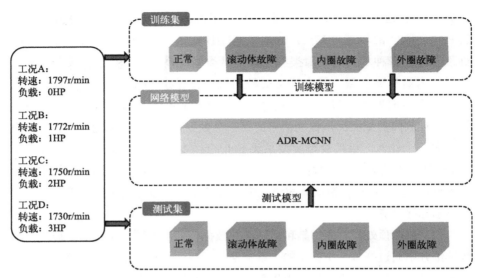

图2-57　ADR-MCNN 模型仿真试验示意图

　　首先将工况 A 的训练集样本输入 ADR-MCNN 模型，调节完成最优参数之后，然后将工况 A 的测试集样本输入 ADR-MCNN 模型，重复进行20次仿真试验，如图2-58所示。可以得出所提出的网络模型在训练集中的故障诊断准确率平均在99.1%。并且20次重复试验表明，在测试集中的故障诊断准确率可以达到97.6%。

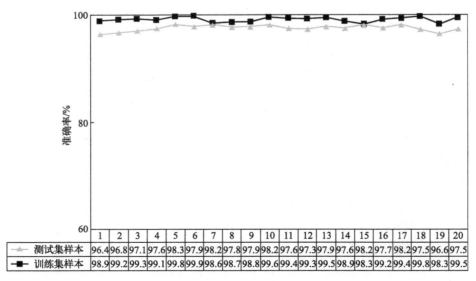

	1	2	3	4	5	6	7	8	9	10	11	12	13	14	15	16	17	18	19	20
测试集样本	96.4	96.8	97.1	97.6	98.3	97.9	98.2	97.8	97.9	98.2	97.6	97.3	97.9	97.6	98.2	97.7	98.2	97.5	96.6	97.5
训练集样本	98.9	99.2	99.3	99.1	99.8	99.9	98.6	98.7	98.8	99.6	99.4	99.3	99.5	98.9	98.3	99.2	99.4	99.8	98.3	99.5

图2-58　20次重复试验准确率变化

　　（5）模型对比试验及分析。为了证明本章方法的有效性，将其与DTS-

CNN[17]、ACNET[18]两种模型进行对比。其中：

① 错位时间序列 DTS-CNN 模型。该模型的四个卷积层和两个平均池化层提取信息特征，三个全连接层实现故障分类。

② 非对称卷积网络 ACNET 模型。该模型通过将每个分支中3×3卷积层替换为一个 ACB 来构造一个 ACNET 模型，且 ACB 由三个并行层组成，卷积核大小分别为3×3、1×3和3×1。

所有仿真均采用相同的数据处理方式，将工况A的训练集样本进行训练 DTS-CNN 模型和 ACNET 模型，工况A的测试集样本进行测试 DTS-CNN 模型和 ACNET 模型，重复进行20次仿真试验。对比仿真结果如图2-56所示。

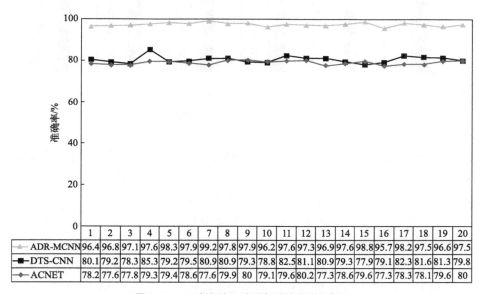

	1	2	3	4	5	6	7	8	9	10	11	12	13	14	15	16	17	18	19	20
ADR-MCNN	96.4	96.8	97.1	97.6	98.3	97.9	99.2	97.8	97.9	96.2	97.6	97.3	96.9	97.6	98.8	95.7	98.2	97.5	96.6	97.5
DTS-CNN	80.1	79.2	78.3	85.3	79.2	79.5	80.9	80.9	79.3	78.8	82.5	81.1	80.9	79.3	77.9	79.1	82.3	81.6	81.3	79.8
ACNET	78.2	77.6	77.8	79.3	79.4	78.6	77.6	79.9	80	79.1	79.6	80.2	77.3	78.6	79.6	77.3	78.3	78.1	79.6	80

图2-59 三种模型20次重复试验准确率变化

从图2-59的仿真结果可以得出DTS-CNN 模型和 ACNET 模型的故障诊断平均准确率分别为80.36%和78.8%，而 ADR-MCNN 模型的平均准确率高达到97.6%。ADR-MCNN 模型的准确率比 DTS-CNN 模型和 ACNET 模型分别高17.24%和18.8%，验证了 ADR-MCNN 模型对滚动轴承有着较高的识别准确率。

为验证本文所提出方法在多工况条件下的泛化能力，分别使用工况 C 和工况 D 训练模型，然后利用剩余三个工况测试模型的识别准确率，结果如图2-60所示。图中 C→A 表示使用工况 C 的训练集进行模型训练，使用工况 A 的测试集进行模型测试。

从图中2-60中看出，在训练过程和测试过程应用C→D（工况 C 的训练集进行模型训练，工况 D 的测试集进行模型测试）时，ADR-MCNN 模型的准确

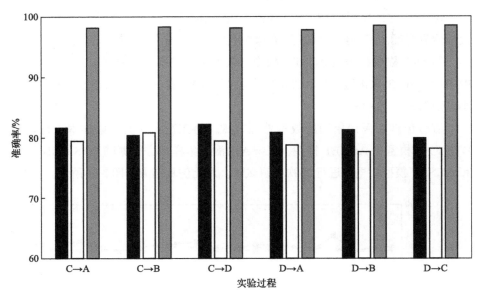

图2-60　泛化能力故障诊断结果对比

率接近98%，而DTS-CNN模型的准确率接近81%，ACNET模型的准确率低于80%，ADR-MCNN模型比其他模型的准确度都要高，验证了ADR-MCNN模型在多工况条件下对滚动轴承诊断有着良好的泛化能力。

（6）仿真试验结果评价指标。使用混淆矩阵这项指标来评估故障诊断模型的性能。混淆矩阵可以更加直观地分析ADR-MCNN模型对不同标签样本的分类性能，通过对上述文章的三种模型准确率的对比，利用混淆矩阵对的识别准确率进行可视化，如图2-61所示。从图2-61中可以看出，图2-61（a）的标签2、3、4的分类准确率是81.4%、80.1%和81.5%，图2-61（b）的标签2、3、4的分类准确率是77.3%、78.6%和80.2%，而图2-61（c）的标签2、3和4的分类准确率是97.9%、98.2%和98.5%，图2-61（c）的标签2、3和4的平均准确率值分别比图（a）和图（b）高出17.2%、19.5%，这说明了ADR-MCNN比DTS-CNN、ACNET表现出更好的故障诊断和分类性能。而且可以直观地观察到图（a）和图（b）中圆圈A和B的范围内颜色深浅不一，且准确率不全是0（表明该模型对于故障分类出现部分错误判断），而图（c）中圆圈C中的范围颜色统一，且准确率都是0（表明该模型对于故障分类没有出现错误判断）。进一步得出该模型有着更好的故障诊断和分类性能，尤其体现在多工况条件下对滚动轴承故障的识别。

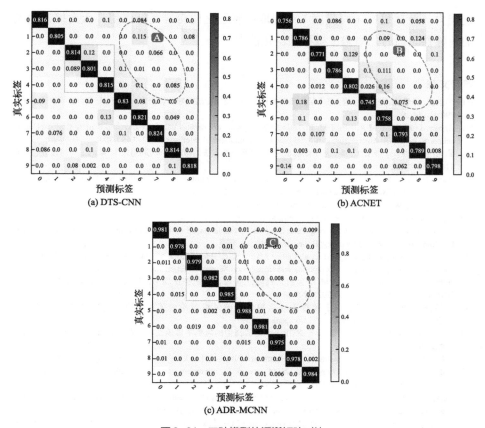

图2-61　三种模型的混淆矩阵对比

2.6.3　小结

　　针对现有故障诊断方法在多工况条件下对风电机组齿轮箱的滚动轴承的健康状态识别精度低的问题，我们采用角域重采样进行数据预处理，以有效增强特征提取的能力。该方法旨在分离出与转速有关的振动信号并抑制与转速无关的信号。随后采用多个不同的分支来提取滚动轴承在匀速状态或变转速状态下的特征模块，在提取特征信息之后进行信息融合，以减少转速变化对振动信号带来的差异性。最后，再应用 Softmax 分类器实现分类识别。本章利用四个不同的工况（工况 A 的转速为 1797r/min，负载 0HP；工况 B 的转速为 1772r/min，负载 1HP；工况 C 的转速为 1750r/min，负载 2HP；工况 D 的转速为 1730r/min，负载 4HP）对 ADR-MCNN 模型进行了故障诊断仿真试验验证。仿真试验结果表明，ADR-MCNN 模型相比于错位时间序列模型（DTS-CNN）和非对称卷积网络模型（ACNET），表现出在多工况条件下有较好的特征提取能力和故障识别能力。尤其是在不同尺度下所提取的特征之间有着互补作用，大大提升模型的鲁棒性。同时，增强了模型的泛化能力。

参考文献

[1] 李永波, 徐敏强, 赵海洋, 等. 基于层次模糊熵和改进支持向量机的轴承诊断方法研究[J]. 振动工程学报, 2016, 29(01):184-192.

[2] Appana D K, Islam M R, Kim J M. Reliable fault diagnosis of bearings using distance and density similarity on an enhanced k-NN[C]. Australasian: Artificial Life and Computational Intelligence, 2017:193-203.

[3] 陈湘中, 万烂军, 李泓洋, 等. 基于蚁群优化 K 均值聚类算法的滚轴故障预测[J]. 计算机工程与设计, 2020, 41(11):3218-3223.

[4] Wan Lanjun, Li Hongyang, Chen Yiwei, et al. Rolling bearing fault prediction method based on QPSO-BP neural network and Dempster–Shafer evidence theory[J]. Energies, 2020, 13(5):1094.

[5] Li X, Zhang W, Ding Q, et al. Intelligent rotating machinery fault diagnosis based on deep learning using data augmentation[J]. Journal of Intelligent Manufacturing, 2020, 31(2):433-452.

[6] Xu G, Liu M, Jiang Z, et al. Bearing Fault Diagnosis Method Based on Deep Convolutional Neural Network and Random Forest Ensemble Learning[J]. Sensors, 2019, 19(5).

[7] Hoffman M, Song E, Brundage M, et al. Online Maintenance Prioritization Via Monte Carlo Tree Search and Case-Based Reasoning[J]. Journal of Computing and Information Science in Engineering, 2022, 22(4): 041005.

[8] 常新宇, 李琦. 特征筛选与 SVM 结合的风机轴承故障诊断研究[J/OL]. 机械设计与制造:1-6[2022-09-12]. DOI:10.19356/j.cnki.1001-3997.20220707.001.

[9] 宋威, 林建维, 周方泽, 等. 基于改进降噪自编码器的风机轴承故障诊断方法[J]. 电力系统保护与控制, 2022,50(10):61-68.DOI:10.19783/j.cnki.pspc.210939.

[10] 苑宏利, 吕明明, 张小东, 等. 基于 XGBoost 算法模型的风机主轴承故障监测与诊断方法[J]. 电力设备管理, 2020(07):113-115+118.

[11] Kingma D P, Ba J. Adam: A method for stochastic optimization[J]. arXiv preprint arXiv: 1412.6980, 2014.

[12] Ma M, Mao Z. Deep-convolution-based LSTM network for remaining useful life prediction[J]. IEEE Transactions on Industrial Informatics, 2020, 17(3): 1658-1667.

[13] Gao Y, Kim C H, Kim J M. A novel hybrid deep learning method for fault diagnosis of rotating machinery based on extended WDCNN and long short-term memory[J]. Sensors, 2021, 21(19): 6614.

[14] Wang P, Han C, Song L, et al. Intelligent Diagnosis of Gearbox Based on Spatial Attention Convolutional Neural Network[C]//2021 7th International Conference on Condition Monitoring of Machinery in Non-Stationary Operations (CMMNO). IEEE, 2021: 184-189.

[15] 方涛, 钱晔, 郭灿杰, 等. 基于天牛须搜索优化支持向量机的变压器故障诊断研究[J]. 电力系统保护与控制, 2020, 48(20):7.

[16] Liu R, Meng G, Yang B, et al. Dislocated time series convolutional neural architecture: An intelligent fault diagnosis approach for electric machine[J]. IEEE Transactions on Industrial Informatics, 2016, 13(3): 1310-1320.

[17] Ding X, Guo Y, Ding G, et al. ACNET: Strengthening the kernel skeletons for powerful CNN via asymmetric convolution blocks[C]. Proceedings of the IEEE/CVF international conference on computer vision.

第**3**章

残差神经网络在故障诊断中的应用

3.1 基于BN的RCNN故障诊断模型

　　传统CNN模型因网络层数增多而出现故障诊断准确率不升反降的问题，在原CNN网络模型中引入残差结构，新的网络被称为残差卷积神经网络（residual convolution neural network，RCNN）。

　　（1）残差块。RCNN由普通卷积层、残差块、全连接层构成，其中残差块在网络结构中应用次数最多。残差块结构如图3-1所示。

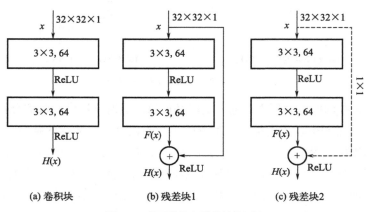

图3-1　卷积结构与残差结构对比

残差块的计算如公式（3-1）所示。

$$F(x) = H(x) - x \qquad (3\text{-}1)$$

式中，x 为残差块的输入；$H(x)$ 为输出；$F(x)$ 为残差块的学习部分。残差神经网络在训练过程中只需学习输入与输出不同的部分 $F(x)$，这种网络结构不仅解决了网络层数增多而引起的轴承故障诊断准确率降低的问题，同时在训练的过程中所消耗的时间更短。

图3-1(b)和(c)都是残差神经网络的残差块，他们的区别在于旁路连接不同，(b)的旁路连接是一个恒等映射，针对的是残差块的输入维度与输出维度相同的情况；而(c)的旁路连接针对残差块输入维度与输出维度不同的情况，使用一个1×1的卷积层来完成维度变换。需要注意的是，在此1×1卷积层中的步长必须和残差块中卷积层的步长保持一致，否则无法完成输入的维度变换。

（2）批量归一化。传统RCNN模型在诊断故障之前需要通过反复试验确定网络的学习率、批次数、权值衰减系数等，调节参数的过程耗时又耗力。这些参数的选择对网络的收敛效果影响较大，如果不能设置合适的参数，网络很容易过拟合或者欠拟合。网络中引入批量归一化层（batch normalization, BN）后，可以有效改善这个问题[1]。RCNN模型添加BN层前后的结构对比如图3-2所示。

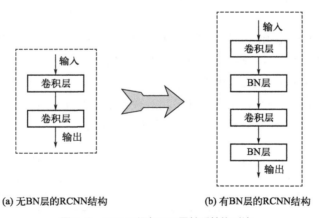

(a) 无BN层的RCNN结构　　　　(b) 有BN层的RCNN结构

图3-2　RCNN添加BN层前后结构对比

RCNN在训练的过程中，输入矩阵经过每一层网络层后的数据分布因网络层参数的更新都会发生变化，这种变化不利于网络学习数据的特征。将BN作为一个网络层放置在卷积层后、池化层前，将前一层的输出矩阵归一化。BN层的优点可以总结为以下几点：①改善流经网络的梯度；②允许设置更大的学习率，加快网络训练过程；③彻底打乱训练数据，增强网络泛化能力。缺点是当批次很小时会影响网络的稳定性。

3.1.1　RCNN模型结构

（1）参数设计。利用卷积层、池化层、残差块与全连接层搭建RCNN模型，具体结构参数设计如表3-1所示。

表3-1　RCNN结构参数

	输入	网络层	卷积核大小	卷积核数	步长
RCNN	32×32×1	卷积层	5×5	32	1
	28×28×32	池化层	2×2	—	—
	14×14×32	残差块	3×3	64	1
	10×10×64	残差块	3×3	128	1
	6×6×128	残差块	3×3	256	1
	2×2×256	全连接层	—	128	—
	1×1×128	全连接层	—	64	—
	1×1×64	Softmax	—	8	—

该RCNN模型由一个卷积层、一个池化层、三个残差块、两个全连接层和一个Softmax分类层组成，是一个10层的CNN模型。Softmax层本质是全连接层，模型最后一个全连接层的激活函数为Softmax，因此将模型最后一层称为Softmax层。在该模型中，池化层采用最大池化方式，第一层的卷积核尺寸为5×5，可以获取较大的感受野，得到更好的特征，其余卷积核大小均为3×3。Softmax层的卷积核数为8，即该层输出大小为8，对应故障的8种状态。

（2）基于BN的RCNN轴承故障诊断流程。RCNN具有强大的数据特征自提取和选择能力，无需人工提取和选择特征，降低了分类任务难度。为了降低模型初始参数设置难度，在RCNN模型中添加BN层。基于RCNN的轴承故障诊断流程如图3-3所示。

① 数据预处理。按照一个样本包含1024个数据点的要求在振动信号序列上连续截取数据，并且将截取到的一维数据通过一维数据相接法处理成二维数据。

② 样本集制作。将二维数据按照7∶1∶2的比例划分成训练集、验证集和测试集。

③ RCNN模型搭建并设置参数。利用卷积层、BN层、池化层和全连接层搭建RCNN模型，设置RCNN模型中卷积层数量、卷积核尺寸、卷积核数、池化层池化方式、步长、批次以及学习率等参数，批次设置为16，学习率设置为0.001，其他参数已在3.2.3节中RCNN结构参数表中给出，此处不再赘述。

④ 模型训练。将训练集输入到设置好参数的RCNN模型中进行训练。在训

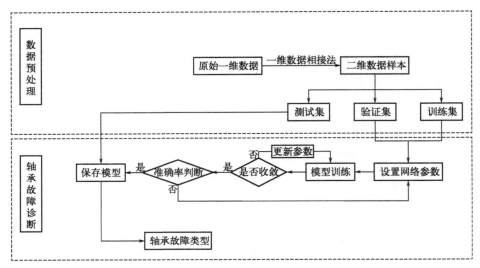

图3-3　基于BN的RCNN轴承故障诊断流程

练的过程中模型通过前向传播计算损失函数值和反向传播降低损失函数值的方式不断地调整网络参数，优化网络模型。模型具体训练过程以及训练过程中所涉及的参数请参考2.3节。当模型的损失函数值降到最低时停止训练并且保存网络参数。

　　⑤ 模型测试。将测试集输入到训练好的模型中，测试网络性能，输出模型轴承故障诊断测试准确率。

3.1.2　仿真试验及结果分析

　　（1）数据处理。以滚动轴承为对象，采用来自美国凯斯西储大学（CWRU）的轴承数据和东南大学变速箱数据集中的轴承数据进行试验验证。CWRU轴承故障数据集包含了正常、内圈故障、外圈故障和滚动体故障四种主轴轴承故障，根据故障直径的不同具体可分为八种故障，同时根据不同的负载，在不同的转速下每种故障采集到了四种数据集。具体故障细节如表3-2所示。

表3-2　轴承故障明细表

故障位置	故障直径/mm	故障深度/mm	转速/(r/min)	电机负荷/kW	故障频率
滚动体	0.18	0.28	1797/1772/1750/1730	0/0.74/1.48/2.21	4.714
	0.36				
	0.53				

续表

故障位置	故障直径/mm	故障深度/mm	转速/(r/min)	电机负荷/kW	故障频率
内圈	0.18	0.28	1797/1772/1750/1730	0/0.74/1.48/2.21	5.415
	0.36				
外圈	0.18	0.28	1797/1772/1750/1730	0/0.74/1.48/2.21	3.585
	0.36				
正常	—	—	1797/1772/1750/1730	0/0.74/1.48/2.21	—

　　使用一维数据相接法将原始一维数据变换成二维数据，以满足卷积神经网络在图片处理领域的优势[3]。在试验过程中，收集n个数据点并将其变换成l行、m列的二维矩阵。二维矩阵转变成二维数据样本前需对其做归一化处理，消除不同数据分析评价指标间的量纲影响，从而适合对试验结果进行综合对比评价。

　　n和l、m之间的关系如公式（3-2）所示。

$$n = lm \tag{3-2}$$

在此次试验中，l和m的值均为32。

　　归一化准则如公式（3-3）所示。

$$x^* = \frac{x - \min}{\max - \min} \tag{3-3}$$

　　式中，x为数据点真实值；x^*为x归一化后的值；最大值为1，最小值为0。

　　一维数据变换为二维数据的过程如图3-4所示。一般分为两步：

① 利用一维数据相接法将一维数据转变成二维矩阵。

② 将矩阵内的元素值变换为对应的灰度值，实现一维数据向二维数据的转变。

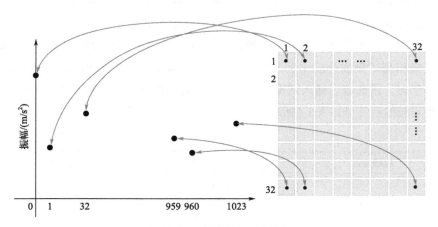

图3-4　一维数据相接法原理

生成的二维数据样本如图3-5所示。

 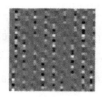 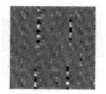

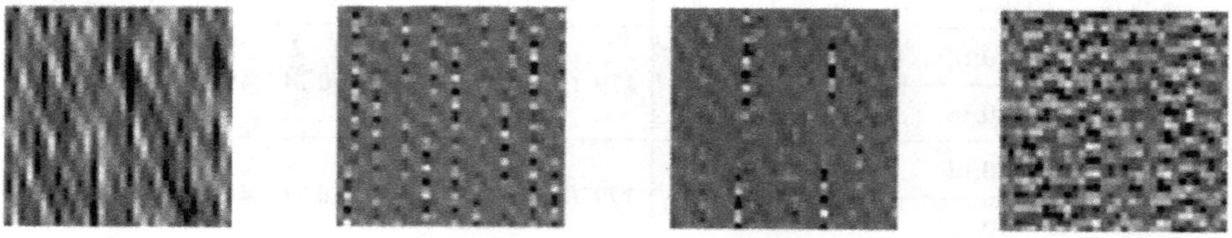

(a) 正常　　　　　(b) 外圈故障　　　　(c) 内圈故障　　　(d) 滚动体故障

图3-5　二维数据样本

一维数据相接法将原始一维的轴承振动信号转化成对应不同灰度的二维数据，振动信号振幅越大，二维数据中对应的灰度越大。

选用转速为1730r/min的数据作为此次仿真试验的数据集。数据信息如表3-3所示。

表3-3　1730r/min原始数据集

故障位置	故障直径/mm	原始数据点数	二维数据样本数
滚动体	0.18	120564	117
	0.36	121556	118
	0.53	122128	119
内圈	0.18	121556	118
	0.36	121587	118
外圈	0.18	121032	118
	0.36	121556	118
正常	—	484769	473
总计	—	1334748	1299

该数据集中有1334748个数据点，根据样本长度为1024的要求，在相邻两个样本之间没有重合的条件下，数据集共包含1299个二维数据样本。训练集、验证集和测试集的分配比例为7∶1∶2。由于基于RCNN模型的分类问题属于监督学习，因此数据输入到网络模型前需要对训练集样本添加标签，不同故障类型对应的标签号如表3-4所示。

表3-4　轴承故障标签

故障位置	故障直径/mm	故障标签
滚动体	0.18	0
	0.36	1
	0.53	2

续表

故障位置	故障直径/mm	故障标签
内圈	0.18	3
	0.36	4
外圈	0.18	5
	0.36	6
正常	—	7

（2）对比试验结果及分析。为了更好地评估基于BN的RCNN轴承故障诊断性能，搭建了经典卷积神经网络LeNet-5、深度卷积神经网络（deep convolution neural network，DCNN）与RCNN模型做轴承故障诊断对比仿真试验。

最终选用的LeNet-5结构模型参数如表3-5所示。

表3-5　LeNet-5结构参数

输入	网络层	卷积核数	卷积核大小	步长
32×32×1	卷积层	32	5×5	1
28×28×32	池化层	—	2×2	—
14×14×32	卷积层	64	3×3	1
14×14×64	池化层	—	2×2	—
7×7×64	全连接层1	1	128	—
1×1×128	全连接层2	1	64	—
1×1×64	Softmax	1	8	—

经过多次反复对比仿真试验，最终选用的DCNN网络结构如表3-6所示。

表3-6　DCNN的结构参数

	输入	网络层	卷积核数	卷积核大小	步长
DCNN	32×32×1	卷积层	32	5×5	1
	28×28×32	池化层	—	2×2	—
	14×14×32	卷积层	64	3×3	1
	14×14×64	池化层	—	2×2	—
	7×7×64	卷积层	128	3×3	—
	7×7×128	池化层	—	2×2	—
	4×4×128	卷积层	64	3×3	1
	4×4×64	全连接层1	1	128	—
	1×1×128	全连接层2	1	64	—
	1×1×64	Softmax	1	8	—

多种CNN模型轴承故障诊断性能对比结果如表3-7所示。

表3-7　多种CNN模型诊断性能对比结果

网络	网络层数	模型尺寸	诊断结果
LeNet-5	5	0.53	95.7%
DCNN-7	7	0.67	96.5%
RCNN	10	1.62	97.1%

从表3-7的多种CNN模型轴承诊断结果可以看出，随着网络层数的增加，网络可以提取到更复杂、更明显的特征，有利于模型的轴承故障诊断效果。但是，网络层数增加的同时，模型尺寸也在增多，提高了计算复杂度，增加了训练成本，不利于实际工程应用，因此有必要寻求既能保证诊断效果又能降低计算复杂度的轻量级RCNN模型。

3.1.3　小结

首先介绍了RCNN模型的不同类型残差块的结构及其使用条件；然后详细介绍了基于BN的RCNN轴承故障诊断流程；最后利用1730r/min转速下的轴承故障数据讨论，验证基于BN的RCNN轴承故障诊断性能。为了进一步验证此次搭建的RCNN模型的轴承故障诊断有效性，搭建了LeNet-5、DCNN模型与RCNN模型进行对比仿真试验，试验结果表明基于BN的RCNN轴承故障诊断模型相较传统CNN模型具有更好的轴承故障诊断效果。

3.2　基于GAP的LWRCNN故障诊断

上一节的轴承故障对比仿真试验结果表明相较其他CNN网络模型，RCNN模型层数更多，可以提取到更抽象、复杂的特征，有利于最终的轴承故障诊断效果，但是RCNN模型参数量大，计算复杂度高，如果应用于数控机床中需要为其配备高端计算处理系统。同时在数控机床工作过程中，由于传感器对其主轴轴承收集的故障数据少，用于训练模型的故障样本数量有限，使得轴承故障模型容易发生过拟合，对主轴轴承的健康状态识别精度低。针对这些问题，本节研究在原RCNN模型上进一步改进[4]。

传统RCNN模型由卷积层、池化层和全连接层组成，由于全连接层所有神经元都参与运算，因此全连接层涉及的参数最多，导致模型计算复杂度高。为了解决全连接层（fully connected，FC）参数较大的问题，使用全局平均池化层（global average pooling，GAP）替代全连接层，控制模型参数。Lin等初次在NIN网络模型中引入GAP，试验结果表明，网络参数得到了有效控制。FC的参数数量可以由公式（3-4）计算得到：

$$HWCn \tag{3-4}$$

式中，H和W表示的是特征图的长和宽；C表示特征图的通道数；n为分类器分类数目。

GAP的参数数量可以由公式（3-5）计算得到：

$$lCn \tag{3-5}$$

通过比较式（3-4）和式（3-5）可以看出，FC引入的参数量是GAP参数量的HW倍，即引入GAP后模型降低的参数量与FC层的输入特征图尺寸有关。

FC层和GAP层的原理如图3-6所示[5]。

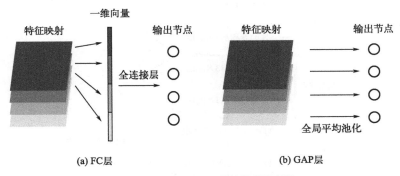

图3-6　FC层和GAP层的原理示意图

特征映射图输入全连接层前需要做平滑处理，由二维向量转变为一维向量，接着全连接层的神经元与一维向量相连，最后输出节点。这个过程涉及了大量的参数，增加了网络的复杂度。GAP则不需要平滑处理，同时不涉及神经元，因此大幅减少了参数量，降低了计算难度和过拟合风险[6]。

3.2.1　LWRCNN 三种模型结构

（1）G-LWRCNN模型结构。普通残差卷积神经网络（general lightweight residual convolutional neural networks，G-LWRCNN）由普通卷积层、残差块、GAP层和Softmax层组成。G-LWRCNN模型结构尺寸为3×3的卷积核残差块结构替代第一层全连接层；利用GAP层替代第二层全连接层，目的是减少RCNN

模型的参数量，降低模型计算复杂度。G-LWRCNN的结构参数如表3-8所示。

表3-8　G-LWRCNN的结构参数

	输入	网络层	卷积核数	卷积核大小	步长
G-LWRCNN	32×32×1	卷积层	32	3×3	1
	32×32×32	池化层	—	2×2	—
	16×16×32	残差块	64	3×3	1
	16×16×64	残差块	64	3×3	1
	16×16×64	残差块	128	3×3	2
	8×8×128	残差块	128	3×3	2
	4×4×128	GAP	—	—	—
	1×1×64	Softmax	1	8	—

G-LWRCNN网络的详细结构如图3-7所示。

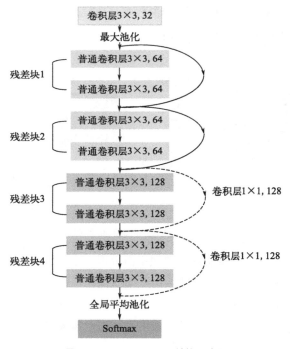

图3-7　G-LWRCNN结构示意图

从图3-7可以看出，残差块3和4使用了和前两个残差块不一样的结构，这是因为残差块3和4的输入与输出维度不一致，通过添加卷积核尺寸为1×1的卷积层将输入维度变换成与输出相同的维度后进行求和运算。

（2）D-LWRCNN 模型结构。空洞轻量级残差卷积神经网络（dilated lightweight residual convolutional neural networks）由空洞卷积层、残差块、GAP层

和Softmax层组成。空洞卷积层的定义是进行空洞卷积操作的卷积层。在CNN模型进行分类任务中，卷积层提取数据特征时，尺寸较大的卷积核可以获得更大的感受野，但是卷积核尺寸增大时会增加原模型参数量。空洞卷积的优势便是不仅可以获取更大的感受野，同时没有让模型参数量发生变化。空洞卷积的原理是将原卷积核感受野通过扩张率进行适当的填充，填充内容为0。以卷积核尺寸为3×3，扩张率为2的卷积层为例，空洞卷积的扩张原理如图3-8所示。

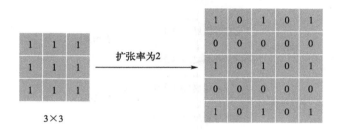

图3-8　空洞卷积的扩张原理示意图

原始卷积核尺寸为3×3，在卷积核相邻两值之间填充一个0值，在没有增加参数量的基础上将卷积核感受野尺寸增加到了5×5，卷积层在提取数据特征时一次可以提取到更多的特征信息，有利于提高网络的诊断性能。

扩张率的设置是空洞卷积神经网络的关键[7]，如果单纯地堆叠多次扩张率为2的空洞卷积，模型的卷积层在提取特征时容易出现部分像素点不参与计算的问题，即特征信息不连续。如果选用较大的扩张率，在输入矩阵尺寸较小时可能出现特征丢失的情况。经过多次对比试验，最终选用的D-LWRCNN模型参数如表3-9所示。

表3-9　D-LWRCNN模型参数

	输入	网络层	卷积核数	卷积核大小	步长	扩张率
D-LWRCNN	32×32×1	空洞卷积层	32	3×3	1	2
	32×32×32	池化层	—	2×2	—	1
	16×16×32	残差块	64	3×3	1	1
	16×16×64	残差块	64	3×3	1	1
	16×16×64	残差块	128	3×3	2	1
	8×8×128	残差块	128	3×3	2	1
	4×4×128	GAP	—	—	—	—
	1×1×64	Softmax	1	8	—	—

D-LWRCNN模型详细的结构如图3-9所示。

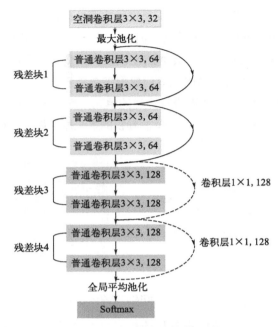

图3-9   D-LWRCNN结构示意图

D-LWRCNN结构与G-LWRCNN类似[8]，同样采用两种共四个残差块的结构，唯一不同的是，D-LWRCNN模型的第一层卷积层采用空洞卷积层，旨在获取更多的特征信息。

（3）S-LWRCNN 模型结构。为了能提取到更深层次、更复杂抽象的特征，需要通过增加网络层数的方式加深网络深度，但是使用传统的残差块增加网络深度会导致网络参数量增多，增加网络发生过拟合的风险。因此需要对传统残差块做一定的改进，减少残差块的参数量。传统残差块与新型残差块结构对比如图3-10所示。

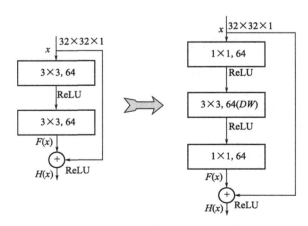

图3-10   残差块的多种结构示意图

新型的残差块结构使用逐点卷积层替代传统残差块中的一个卷积层，使用深度卷积层和逐点卷积层替代另外一层卷积层，即使用深度可分离卷积运算代替原卷积层卷积运算。卷积层从两层增加到了三层，增加网络深度的同时降低原结构的参数量[9]。

深度可分离卷积是一种新型的精简型卷积神经网络结构，主要是用来解决CNN模型增加网络深度时出现网络参数增多的问题。深度可分离卷积的原理如图3-11所示。

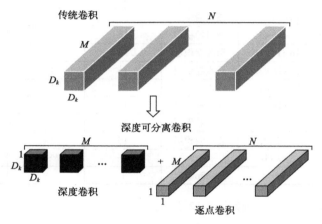

图3-11 深度可分离卷积的原理示意图

如图3-11所示，传统卷积层中，$D_k \times D_k$为卷积核尺寸，N为卷积核个数，M为输入矩阵的通道数。深度可分离卷积的思想是先使用M个$D_k \times D_k$的深度卷积核作用于输入特征矩阵的每一个通道中，接着使用N个卷积核尺寸为1×1的逐点卷积组合深度卷积层的输出。假设输入特征矩阵尺寸为$D_F \times D_F$，传统卷积层涉及的参数量可由公式（3-6）计算能得到。

$$D_k D_k N M D_F D_F \tag{3-6}$$

深度可分离卷积涉及的参数量可由公式（3-7）计算得到。

$$D_k D_k M D_F D_F + N M D_F D_F \tag{3-7}$$

传统卷积参数量和深度可分离卷积参数量比例可由公式（3-8）计算得到。

$$\frac{D_k D_k M D_F D_F + N M D_F D_F}{D_k D_k N M D_F D_F} = \frac{1}{N} + \frac{1}{D_k^2} \tag{3-8}$$

由公式（3-8）可以看出，深度可分离卷积相较传统卷积大幅降低了所涉及的参数量[10]，降低比例与卷积层中的卷积核尺寸以及个数有关。以常用的深度卷积核尺寸3×3为例，深度可分离卷积的参数量通常能减少到传统卷积的1/8 ～ 1/9。

　　S-LWRCNN模型由普通卷积层、深度可分离残差块、逐点卷积层、GAP层、Softmax分类层构成，具体结构参数如表3-10所示。

表3-10　S-LWRCNN模型参数

	输入	网络层	卷积核数	卷积核大小	步长
S-LWRCNN	32×32×1	普通卷积层	32	3×3	2
	16×16×32	逐点卷积层	32	1×1	1
	16×16×32	深度卷积层	32	3×3	1
	16×16×32	逐点卷积层	32	1×1	1
	16×16×32	逐点卷积层	16	1×1	1
	16×16×16	深度卷积层	32	3×3	1
	16×16×32	逐点卷积层	16	1×1	1
	16×16×16	逐点卷积层	32	1×1	1
	16×16×32	深度卷积层	16	3×3	2
	8×8×16	逐点卷积层	32	1×1	1
	8×8×32	逐点卷积层	16	1×1	1
	8×8×16	GAP	—	—	—
	1×1×8	Softmax	1	8	—

　　S-LWRCNN网络结构如图3-12所示。

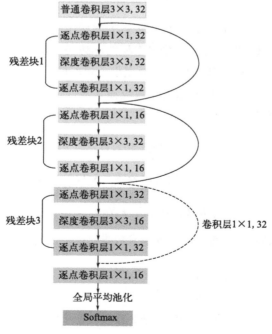

图3-12　S-LWRCNN结构示意图

残差块3的输入为16×16×64，而输出为8×8×128，因此其输入需要通过一个卷积核数为128、步长为2的逐点卷积层才能和输出维度一致[11]，从而进行求和运算。

3.2.2　基于GAP的LWRCNN故障诊断流程

基于GAP的LWRCNN故障诊断仿真试验主要包括数据预处理和故障诊断试验两个部分[12]，具体的试验流程如图3-13所示。

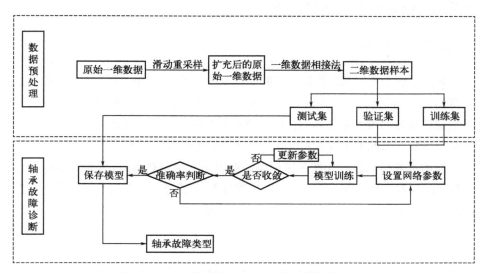

图3-13　基于GAP的LWRCNN轴承故障诊断流程

基于GAP的LWRCNN故障诊断主要包括以下步骤[13,14]。

① 数据预处理。将原始的一维数据使用滑动重采样方法进行数据扩充，根据设置不同的重合率设定多个包含不同数据量的数据集。按照一个样本包含1024个数据点的要求在振动信号序列上连续截取数据，并且将截取到的一维数据通过一维数据相接法处理成二维数据。

② 样本集制作。当重合率为0时，将二维数据样本按照7∶1∶2的比例划分成训练集、验证集和测试集；当重合率不为0时，将二维数据样本按照8∶2的比例划分成训练集和验证集，测试集采用重合率为0时的样本，因为在工程实际应用过程的轴承故障数据是没有重合的，在做仿真试验时，为了接近真实环境，测试集没有采用有重合的样本。

③ LWRCNN模型搭建并设置参数。利用卷积层、BN层、池化层和GAP层搭建LWRCNN模型，设置LWRCNN模型中卷积层数量、卷积核尺寸、卷积核

数、池化层池化方式、步长、批次以及学习率等参数。

④ 模型训练。将训练集输入设置好参数的LWRCNN模型中进行训练。在训练的过程中模型通过前向传播计算损失函数值和反向传播降低损失函数值的方式不断地调整网络参数，优化网络模型。当模型的损失函数值降到最低时停止训练并且保存网络参数。

⑤ 模型测试。将测试集输入训练好的模型中，测试网络性能，输出模型轴承故障诊断测试准确率。

3.2.3 仿真试验及结果分析

3.2.3.1 数据预处理

数据来源于美国凯斯西储大学的公开数据，采用1730r/min下的轴承振动信号数据用于基于GAP的LWRCNN轴承故障诊断仿真试验。将原始轴承振动信号数据转变为二维数据样本后，样本数目为1299。充足的样本有利于网络学习到更优参数。因此本次试验采用滑动重采样扩充样本数据集。

滑动重采样的原理如图3-14所示。选取第一个采样点p，根据样本数据点个数n截取第一个样本，并且根据采样重合率r，选取q为第二个采样点，根据n截取第二个样本，依次类推，生成故障样本数量为S的原始样本数据集。

图3-14　滑动重采样原理

q可以由公式（3-9）计算得出。

$$q = p + nr \tag{3-9}$$

采样重合率r、总故障数据点个数N、样本数据点个数n和故障样本数量S关系如公式（3-10）所示。

$$S = \frac{N-n}{(1-r)n} + 1 \tag{3-10}$$

通过设置不同的重合率，设定不同样本数量的数据集。在使用滑动重采样设定样本数据集的过程中发现重合率以5%递增时，增加的样本数量较少，对网络模型的轴承故障诊断结果影响小，因此重合率以10%的方式递增；由于没有重合率为1的情况，同时考虑到样本数量激增会出现计算机处理数据的难度大幅增加的情况，因此在重合率90%的基础上选用样本数量是其两倍的重合率95%做对比试验。最终重合率组合为（0，10%，20%，30%，40%，50%，60%，70%，80%，90%，95%）。不同重合率下1730r/min的数据集样本数量如表3-11所示。

表3-11　1730r/min数据集

项目	$r=0$	r =10%	r =20%	r =30%	r =40%	r =50%	r =60%	r =70%	r =80%	r =90%	r =95%
滚动体	354	395	440	507	593	709	885	1183	1770	3548	7095
内圈	236	262	297	338	395	473	590	789	1180	2365	4729
外圈	236	262	297	338	395	473	592	789	1180	2365	4729
正常	473	525	592	675	789	945	1182	1575	2365	4725	9449
总计	1299	1444	1626	1858	2172	2600	3247	4336	6495	13003	26002

将不同重合率下的数据集中的一维数据转化为二维数据，制作成样本集，并划分为训练集、验证集、测试集。不同重合率下的训练集、验证集、测试集样本数量如表3-12所示。

表3-12　训练集、验证集、测试集样本数量

项目	$r=0$	r =10%	r =20%	r =30%	r =40%	r =50%	r =60%	r =70%	r =80%	r =90%	r =95%
训练集	909	1155	1300	1486	11738	2080	2598	3469	5196	10402	20802
验证集	130	289	326	372	434	520	649	867	1299	2601	5200
测试集	260	1299	1299	1299	1299	1299	1299	1299	1299	1299	1299

从表3-12可以看出，测试集在重合率不为0时均采用重合率为0时的样本，因为在工程实际应用过程的轴承故障数据是没有重合的，在做仿真试验时，为了接近真实环境，测试集不采用有重合的样本。

3.2.3.2　试验结果

（1）基于G-LWRCNN的轴承故障诊断结果。将不同重合率的样本集依次输入G-LWRCNN模型中，统计模型的轴承故障诊断测试准确率。统计结果如图3-15所示。

如图3-15所示，重合率较小时，样本数量少，没有充足的样本训练G-LWRCNN模型，导致模型诊断效果较差，同时不同重合率之间轴承故障诊断测试准确率波动较大，且随着样本数量增加没有明显提升。当重合率为50%

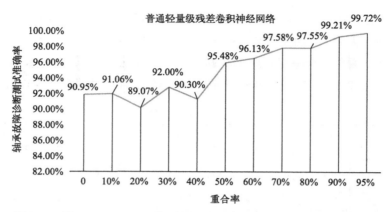

图3-15　基于G-LWRCNN模型的不同重合率下的轴承故障诊断测试准确率

时，轴承诊断准确率有了明显的提升，同时随着重合率的增加，轴承故障诊断测试准确率逐渐接近100%。重合率为95%时，轴承故障诊断测试准确率相较重合率90%时提升了0.51%。

为了更好地衡量不同重合率对轴承故障诊断的影响，计算训练过程中G-LWRCNN模型的轴承故障诊断测试准确率标准差，并绘制成线图，如图3-16所示。

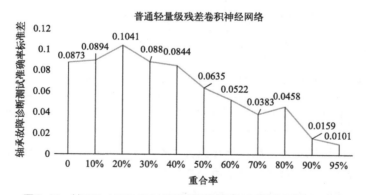

图3-16　基于G-LWRCNN模型的轴承故障诊断测试准确率标准差

如图3-16所示，当重合率较小时，样本数量少，G-LWRCNN模型每一次训练之间的轴承故障诊断测试准确率差异较大，标准差较大，轴承故障诊断测试准确率不稳定。随着重合率的增加，轴承故障诊断准确率标准差逐渐减小。当重合率达到90%时，标准差明显减小。重合率为95%时，标准差进一步减小，相较重合率90%减小了0.0058。

重合率为95%时模型的轴承故障诊断效果较好。但是，重合率95%的样本数量大约是重合率90%的2倍。样本数量的增加，大幅提高了计算处理的复杂度，增加了训练成本，导致重合率为95%时模型训练所需时间大约是重合率90%时的2.5倍。综合考虑模型轴承故障诊断测试准确率和训练成本，最终选用重合率为90%的样本集做下一步试验。

（2）基于 D-LWRCNN 的轴承故障诊断结果。将不同重合率的样本集依次输入D-LWRCNN模型中，统计训练过程中轴承故障诊断测试准确率。统计结果如图3-17所示。

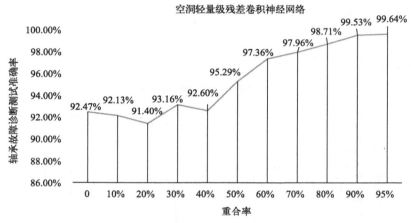

图3-17　基于D-LWRCNN的不同重合率下的轴承故障诊断测试准确率

当重合率较小时，样本数量增加幅度较低，导致轴承故障诊断测试准确率普遍较低[15]。当重合率为50%时，模型的轴承故障诊断测试准确率相较重合率为40%时有了较大的提高，与轴承故障诊断测试准确率最低的样本重合率为20%时相比，准确率提高了3.89%。重合率90%和95%的轴承故障诊断测试准确率达到99%以上，但是通过比较两种重合率下的轴承故障诊断测试准确率发现，重合率95%相较重合率90%准确率提高幅度较低，而重合率95%时的样本数量是重合率90%的2倍，导致模型训练时间大幅增加。

基于D-LWRCNN的不同重合率下的轴承故障诊断测试准确率标准差如图3-18所示。

由图3-18可知，当重合率小于60%时，轴承故障诊断测试准确率标准差较大，表明D-LWRCNN模型在训练的过程中准确率波动较大。重合率90%和95%相较其他重合率标准差较低，这是因为充足的样本数量使模型学习到了更多的特征，提高了模型的轴承故障诊断稳定性[16,17]。

（3）基于 S-LWRCNN 的轴承故障诊断结果。将不同重合率的样本集依次输入S-LWRCNN模型中，统计训练过程中轴承故障诊断测试准确率，统计结果如图3-19所示。

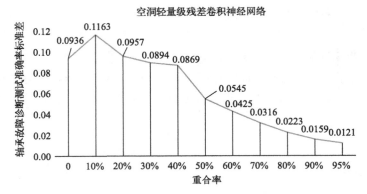

图3-18　基于D-LWRCNN模型的轴承故障诊断测试准确率标准差

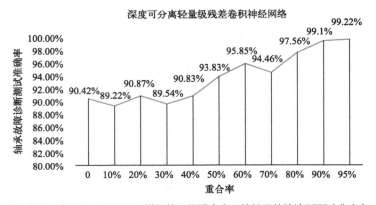

图3-19　基于S-LWRCNN模型的不同重合率下的轴承故障诊断测试准确率

基于S-LWRCNN模型的不同重合率下的轴承故障诊断测试准确率结果与前两种模型的轴承故障诊断结果类似，随着重合率的增加，轴承故障诊断准确率总体呈上升趋势。当重合率为50%时，模型的轴承故障诊断测试准确率相较前几种重合率下的轴承故障诊断测试准确率有了明显的提升；当重合率为90%时，轴承故障诊断测试准确率达到了99.1%，此时模型已具备良好的轴承故障诊断能力。当重合率为95%时，模型的轴承故障诊断测试准确率继续提升，但是提升幅度有限，同时需要注意的是，重合率95%时的样本数量大约是重合率90%的样本数量的2倍，这直接导致模型训练重合率95%时的样本所需时间大幅增加。

为了更好地评估不同重合率下S-LWRCNN模型的轴承故障诊断性能，统计不同重合率下的轴承故障诊断测试准确率标准差，统计结果如图3-20所示。

从图3-20可以看出，基于S-LWRCNN模型的轴承故障诊断测试准确率标准差随重合率增加整体呈下降趋势。当重合率为80%时轴承故障诊断测试准确率标准差下降幅度最大，相较重合率70%时的轴承故障诊断测试准确率标准差

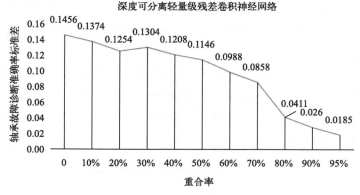

图3-20 基于S-LWRCNN模型的轴承故障诊断测试准确率标准差

减小了52%。随着重合率继续增加，轴承故障诊断测试准确率标准差不断减小，当重合率为95%时，模型的轴承故障诊断测试准确率标准差相较重合率为0时的标准差减小了87%。

3.2.4 LWRCNN 模型的泛化能力分析

统计三种轻量级残差卷积神经网络（LWRCNN）模型在重合率为0时的轴承故障诊断测试准确率和模型尺寸，同时与RCNN模型做对比试验，对比结果如表3-13所示。

表3-13 LWRCNN模型与RCNN模型对比

项目	结构	模型尺寸	诊断结果
RCNN	FC	1.62	89.1%
G-LWRCNN	GAP	0.646	90.95%
D-LWRCNN	GAP	0.646	92.47%
S-LWRCNN	GAP	0.021	90.42%

如表3-13所示，G-LWRCNN模型经过减小卷积核尺寸和删除第一层FC层后，相较RCNN模型网络参数减少了60.1%，模型的轴承故障诊断测试准确率提升了1.85%。D-LWRCNN模型在第一层卷积层使用空洞卷积操作，在没有增加网络参数的同时扩大了模型提取特征时的感受野，增强了网络的特征提取能力，相较G-LWRCNN模型轴承故障诊断测试准确率提高了1.52%。S-LWRCNN模型采用了和其他三种模型不同的残差结构，与G-LWRCNN相比模型参数降低了96.7%，但是模型稳定性较差，轴承故障诊断测试准确率只有90.42%。综上所述，全局平均池化层（GAP）替代全连接层（FC）后模型参数大幅减少，不

仅降低了计算复杂度，节约了训练成本，同时增强了网络的泛化能力，提高了模型的轴承故障诊断测试准确率，降低了模型诊断轴承故障过程中发生过拟合的风险。

为了进一步分析G-LWRCNN、D-LWRCNN、S-LWRCNN三种LWRCNN模型的泛化能力，将重合率为90%时的1730r/min、1750r/min、1772r/min和1797r/min的样本输入三种LWRCNNN模型中做对比仿真试验。试验中所采用的数据如表3-14和表3-15所示。

表3-14 四种转速的轴承故障样本数量

单位：个

项目	1730r/min	1750r/min	1772r/min	1797r/min
滚动体	3548	3522	3522	3524
内圈	2365	2343	2343	2346
外圈	2365	2343	2343	2346
正常	4725	4725	4725	2360

表3-15 重合率90%下四种转速的训练集、验证集、测试集样本数量

单位：个

项目	1730r/min	1750r/min	1772r/min	1797r/min
训练集	10402	10346	10346	8462
验证集	2601	2587	2587	2115
测试集	1299	1294	1294	1058

在此次LWRCNN模型的泛化能力分析仿真试验中，将四种转速的轴承故障振动信号使用一维数据相接法，按照每个样本包含1024个数据点和滑动重采样重合率为90%的要求，将原始一维数据样本转变为二维数据样本。同时按照8∶2的比例将所有样本划分为训练样本和验证样本，测试集样本采用重合率为0时的样本集，即测试集中的样本之间没有重合部分。

统计G-LWRCNN、D-LWRCNN、S-LWRCNN三种模型在四种转速下的轴承故障诊断测试准确率，统计结果如图3-21、图3-22所示。

由图3-21可以看出，在所有模型和试验中，基于D-LWRCNN模型的1797r/min轴承故障诊断测试准确率最高，达到了99.53%。而基于G-LWRCNN模型的1797r/min轴承故障诊断测试准确率最低，只有98.54%。S-LWRCNN模型在所有的仿真试验中的轴承故障诊断测试准确率都相对较低，这是因为其内部的卷积核尺寸较小，虽然小卷积核能够大幅降低模型参数量，但是降低了网络的训练效率和模型的泛化能力，导致最终的轴承故障诊断效果较差。

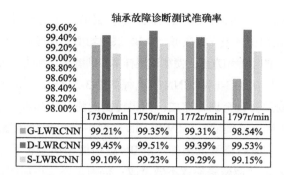

	1730r/min	1750r/min	1772r/min	1797r/min
■ G-LWRCNN	99.21%	99.35%	99.31%	98.54%
■ D-LWRCNN	99.45%	99.51%	99.39%	99.53%
■ S-LWRCNN	99.10%	99.23%	99.29%	99.15%

图3-21 基于LWCNN模型的多转速下轴承故障诊断测试准确率

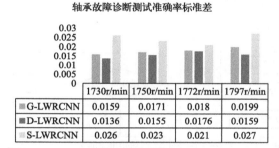

	1730r/min	1750r/min	1772r/min	1797r/min
■ G-LWRCNN	0.0159	0.0171	0.018	0.0199
■ D-LWRCNN	0.0136	0.0155	0.0176	0.0159
■ S-LWRCNN	0.026	0.023	0.021	0.027

图3-22 基于LWCNN模型的多转速下轴承故障诊断准确率标准差

从图3-22的试验结果可以看出，由于S-LWRCNN模型的卷积核尺寸最小，模型泛化能力较差，在所有模型和试验中的轴承故障诊断测试准确率标准差较大，模型稳定性最差。D-LWRCNN模型相较G-LWRCNN模型将第一层卷积层设计成空洞卷积层，提高了模型的泛化能力和稳定性，在多转速对比仿真试验中的轴承故障诊断测试准确率标准差最小。

3.3 基于AdaBN-S-LWRCNN的故障诊断

普通轴承故障诊断仿真试验中使用的训练集和测试集是从数据分布一致的原始数据集中按照一定比例划分得到的。轴承故障诊断模型通过不断地学习训练样本得到网络最佳参数后，将测试集输入模型中诊断轴承故障类型。但是当测试集和训练集的数据分布不一致时，会导致模型的诊断性能下降，数据分布差异越大，模型的诊断性能越差。为了提高模型在数据分布不一致时的诊断性能，采用自适应批量归一化（adaptive batch normalization，AdaBN）算法提高S-LWRCNN模型的领域自适应能力，提高轴承故障诊断性能[17]。

　　AdaBN算法是基于BN的领域自适应算法，目前主要用于图像识别分类领域。该算法的实质是使用测试集样本在每一个BN层的均值、方差替代原来BN层所使用的训练集样本得到的均值和方差，使测试集样本和训练集样本的分布接近一致[18, 19]。

　　基于AdaBN算法的S-LWRCNN的流程如图3-23所示。首先使用训练集训练S-LWRCNN模型，直至训练完成，如果检测到测试集样本分布和训练集样本分布不一致，则将测试集输入S-LWRCNN模型中进行正向传播，得到此时BN层的均值和参数。最后将测试集样本的BN层均值和误差替代原训练集样本的BN层均值和误差，其他网络参数不做修改，得到最终改进后的模型。使用改进后的模型完成测试集的轴承故障诊断任务。

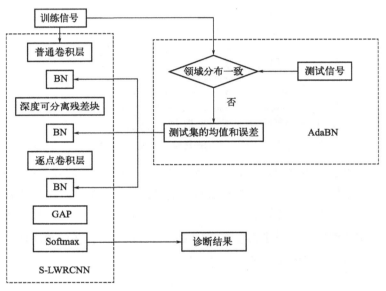

图3-23　基于AdaBN领域自适应的S-LWRCNN流程

　　① Dropout正则化算法。残差卷积神经网络具有强大的特征自提取能力，在特征提取的过程中很容易产生过拟合，因此为了提高残差卷积神经网络的泛化能力并且减少网络训练时间，引入Dropout正则化思想。Dropout正则化算法可以阻止同层神经元之间的相互适应，使神经元的特征表达更加独立，提高网络的泛化能力。

　　通常情况下Dropout正则化算法被应用于全连接层，因为全连接层所有神经元参与运算的特性，涉及的参数量很大，需要Dropout算法随机断开部分神经元的连接，降低模型参数量。由于S-LWRCNN模型已经用GAP层替换了全连接层，因此此次仿真试验将Dropout算法应用于第一层卷积层中，在模型训练过程中，随机断开部分卷积层神经元连接，以此增强模型的泛化能力。

　　② 极小批次训练。美国东北大学的Keskar等证明，使用更小的批次训练网

络，有利于提高模型的泛化能力[20]。原文中推荐的批次大小为32 ～ 512，这是基于过去研究图像样本数量巨大的背景下提出的。本次研究的对象为滚动轴承，样本数量少，因此需要设计更小的批次。批次越小，网络训练的过程中每次网络学习的样本数量就越少，BN层样本均值、方差的波动范围也就越大，如果均值、方差始终偏离整体的均值、方差，不利于模型的训练，因此需要保证批次数不小于分类数目，即批次数≥8。

3.3.1 基于 AdaBN 的 S-LWRCNN 模型结构

S-LWRCNN模型由一个普通卷积层、四个深度可分离残差块、一个逐点卷积层、GAP层及Softmax分类层构成，相较上一节的S-LWRCNN结构增加了一个残差块，有利于提高模型特征提取能力和诊断效果。S-LWRCNN网络结构如图3-24所示。

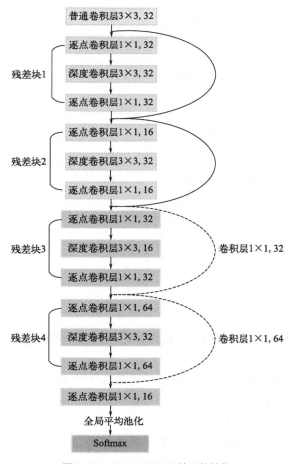

图3-24 S-LWRCNN的网络结构

　　残差块1和2中卷积层的步长为1，输出和输入一致，因此直接将输入与输出相加即可；残差块3与残差块4的输入与输出不一致，因此需要一个卷积核数分别为32和64逐点卷积层完成输入的维度变换。

　　S-LWRCNN网络参数如表3-16所示。

表3-16　S-LWRCNN网络详细参数

	输入	网络层	卷积核个数	卷积核大小	步长
S-LWRCNN	32×32×1	普通卷积层	32	3×3	2
	16×16×32	逐点卷积层	32	1×1	1
	16×16×32	深度卷积层	32	3×3	1
	16×16×32	逐点卷积层	32	1×1	1
	16×16×32	逐点卷积层	16	1×1	1
	16×16×16	深度卷积层	32	3×3	1
	16×16×32	逐点卷积层	16	1×1	1
	16×16×16	逐点卷积层	32	1×1	1
	16×16×32	深度卷积层	16	3×3	2
	8×8×16	逐点卷积层	32	1×1	1
	8×8×32	逐点卷积层	64	1×1	1
	8×8×64	深度卷积层	32	3×3	2
	4×4×32	逐点卷积层	64	1×1	1
	4×4×64	逐点卷积层	16	1×1	1
	4×4×16	GAP	—	—	—
	1×1×8	Softmax	1	8	—

3.3.2　基于 AdaBN 的 S-LWRCNN 轴承故障诊断流程

　　基于AdaBN的S-LWRCNN轴承故障诊断流程如图3-25所示。

　　基于AdaBN的S-LWRCNN轴承故障诊断主要包括以下步骤。

　　① 数据预处理：将原始的一维数据使用滑动重采样方法按照重合率为90%进行数据扩充，制作数据集。将一维数据通过一维数据相接法处理成二维数据。

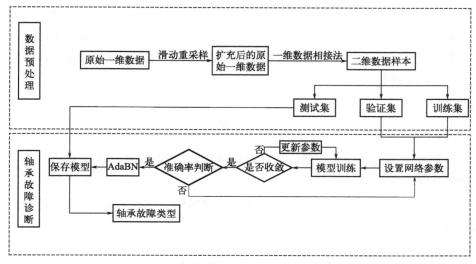

图3-25 基于AdaBN的S-LWRCNN轴承故障诊断流程

② 样本集制作：将二维数据样本按照8：2的比例划分成训练集和验证集，测试集采用重合率为0时的样本。

③ 基于AdaBN的S-LWRCNN模型搭建并设置参数：利用逐点卷积层、深度卷积层、BN层、GAP层和Softmax层搭建S-LWRCNN模型，设置S-LWRCNN模型中卷积层数量、卷积核大小、卷积核数、步长、批次以及学习率等参数。

④ 模型训练：将训练集输入设置好参数的S-LWRCNN模型中进行训练。在训练的过程中模型通过前向传播计算损失函数值和反向传播降低损失函数值的方式不断地调整网络参数，优化网络模型。当模型的损失函数值降到最低时停止训练，使用AdaBN算法判断测试集与训练集数据分布是否一致，若一致则直接保存模型参数；若不一致则将测试集的均值与方差替换原BN层的均值与方差并保存模型参数。

⑤ 模型测试：将测试集输入训练好的模型中，测试网络性能，输出模型轴承故障诊断测试准确率。

3.3.3 噪声环境下S-LWRCNN的故障诊断仿真试验

数据来源于美国凯斯西储大学，本次试验选用 1730r/min 转速下的重合率为 90% 的样本作为此次试验的研究对象。通过添加不同 SNR 的噪声设定不同的样本集，使用搭建好的 S-LWRCNN 模型完成不同噪声下的轴承故障诊断仿真试验。

（1）数据预处理。真实环境包含多种噪声，这些噪声复合后的拟合曲线接近正态分布曲线。通过对原始数据添加分布为正态分布的高斯白噪声可以获取带有不同信噪比（SNR）的复合信号，接近于真实环境下轴承振动信号的数据分布。SNR由公式（3-11）给出。

$$SNR_{dB} = 10 \lg(\frac{P_{signal}}{P_{noise}}) \tag{3-11}$$

式中，P_{signal}为信号功率；P_{noise}为噪声功率。当SNR=0dB时，噪声功率与信号功率相等。

（2）批次设置对S-LWRCNN模型抗噪性的影响。本次研究需要保证批次数不小于分类数目，即批次数≥8。

使用添加了AdaBN和Dropout的S-LWRCNN模型测试不同批次对有噪声的测试集轴承故障诊断准确率的影响。试验结果如表3-17所示。

表3-17   不同大小的批次下，S-LWRCNN模型对噪声信号的识别率

项目		SNR/dB							
		−4	−2	0	2	4	6	8	10
批次数	8	81.61%	85.52%	89.42%	92.33%	95.24%	96.72%	98.35%	99.89%
	16	81.33%	84.41%	89.32%	92.25%	95.16%	96.67%	98.28%	99.81%
	24	79.56%	82.92%	89.21%	92.16%	95.01%	96.61%	98.31%	99.79%
	32	77.68%	81.45%	89.02%	91.99%	94.98%	96.59%	98.32%	99.83%
	40	75.11%	78.82%	88.41%	91.76%	94.95%	96.56%	98.29%	99.72%
	50	72.05%	76.67%	87.16%	91.69%	94.96%	96.51%	98.25%	99.65%
	100	69.29%	74.19%	85.86%	91.61%	94.89%	96.42%	98.30%	99.73%

从表3-17可以看出：

① 当批次大小为100时，S-LWRCNN模型对噪声功率较小的测试集取得较高的识别率，但是当SNR=−4dB时，轴承故障诊断测试准确率只有69.29%，相较SNR=10dB时轴承故障诊断测试准确率降低了30.44%。

② 随着批次数减小，S-LWRCNN模型的抗噪能力明显提升，当批次为8，SNR=−4dB时，轴承故障诊断测试准确率达到了81.61%。

（3）卷积核Dropout、AdaBN对S-LWRCNN模型抗噪性的影响。保留

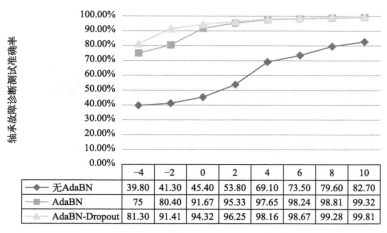

	−4	−2	0	2	4	6	8	10
◆ 无AdaBN	39.80	41.30	45.40	53.80	69.10	73.50	79.60	82.70
■ AdaBN	75	80.40	91.67	95.33	97.65	98.24	98.81	99.32
▲ AdaBN-Dropout	81.30	91.41	94.32	96.25	98.16	98.67	99.28	99.81

图3-26　S-LWRCNN在三种模式下的诊断效果

S-LWRCNN整个模型结构，分别测试不使用AdaBN、使用AdaBN、同时使用AdaBN和Dropout三种情况下，模型在噪声环境下的轴承故障诊断测试准确率。试验结果如图3-26所示。

当不使用AdaBN训练模型时，S-LWRCNN模型的轴承故障诊断测试准确率特别低，即使是当SNR=10dB时，模型的轴承故障诊断测试准确率只有82.7%，从这里可以看出没有添加AdaBN算法的S-LWRCNN模型抗噪能力很差；当使用了AdaBN训练模型时，模型的抗噪能力获得了极大的提升。以SNR=0dB为例，使用AdaBN后，模型的轴承故障诊断测试准确率由原来的45.4%提升到91.67%，轴承故障诊断测试准确率提升了一倍，并且当SNR=10dB时，模型的轴承故障诊断测试准确率达到了99.32%，添加AdaBN算法前后，模型的轴承故障诊断测试准确率相差16.62个百分点；当在模型中继续添加Dropout后，模型的抗噪能力进一步提升，当SNR=10dB时，模型的轴承故障诊断测试准确率再次提升了0.49个百分点。

（4）S-LWRCNN模型可视化分析。将不同噪声环境下基于S-LWRCNN模型的轴承故障诊断分类效果可视化，可视化结果如图3-27所示。

从图3-27（见文后彩图）可以看出，当SNR=−4dB时，模型只将八种数据分为了六类，不同类型之间的数据有所重叠，并未将不同类型数据彻底分类，这是因为当SNR=−4dB时，噪声功率是信号功率的2.5倍，此时噪声严重干扰了原始信号的数据分布，模型无法有效进行轴承故障诊断任务。随着SNR增加，噪声功率减小，不同类型数据被有效分类，当SNR=10dB时八种数据被完全分类，不同数据之间没有重合，表明基于AdaBN的S-LWRCNN模型具有良好的抗噪能力。

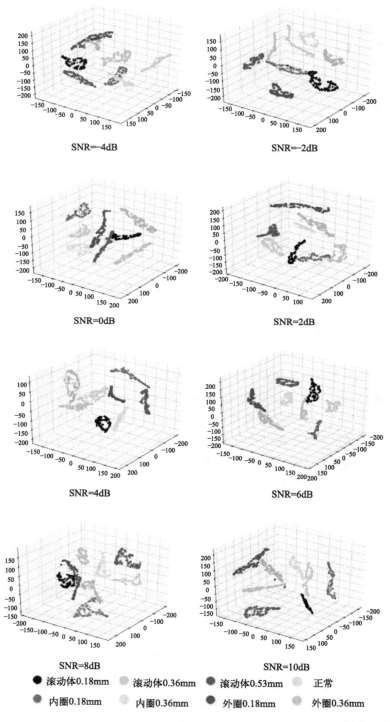

图3-27 S-LWRCNN 模型在不同噪声环境下的分类可视化结果

3.3.4 变速环境下 S-LWRCNN 模型的轴承故障诊断仿真试验

（1）变速问题描述。在机床实际的工作环境中，经常会根据工作任务的不同要求改变工作转速，当工作转速发生变化后，轴承的振动信号也会发生变化。图 3-28 为不同转速下轴承正常状态的振动信号波形图。

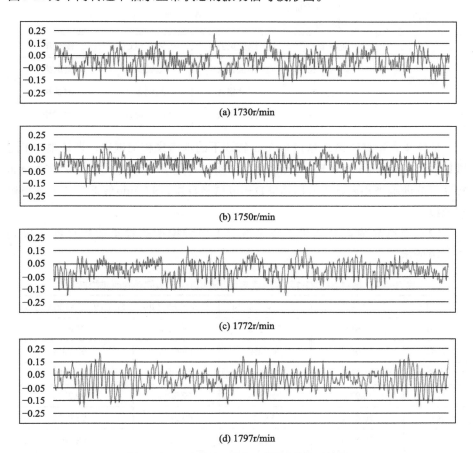

(a) 1730r/min

(b) 1750r/min

(c) 1772r/min

(d) 1797r/min

图3-28 不同转速下轴承正常状态的振动信号

如图 3-28 所示，不同转速下，振动信号中的幅值不一致，这种情况会对轴承故障诊断模型造成干扰，致使模型无法将轴承故障正确分类，从而降低了轴承故障诊断模型的诊断精度。

因此，搭建在一种转速下训练好并可以应用于其他转速条件下的轴承故障诊断任务的模型是很有必要的。分别使用转速为 1730r/min、1750r/min、1772r/min 和 1797r/min 转速下的轴承振动信号对基于 AdaBN 的 S-LWRCNN 轴承故障诊断模型进行训练，使用其他三种转速的测试集进行测试。变速自适应问题的具体描述如表3-18所示。

表3-18　变速自适应问题描述

目标：使用源领域信号训练，诊断目标领域的信号			
域类型	源领域	目标领域	
描述	一种转速下带标签信号	另一种转速下无标签信号	
数据集	训练集A	测试集B	测试集C	测试集D
	训练集B	测试集A	测试集C	测试集D
	训练集C	测试集A	测试集B	测试集D
	训练集D	测试集A	测试集B	测试集C

训练集A和测试集A为1730r/min转速下的训练集和测试集；训练集B和测试集B为1750r/min转速下的训练集和测试集；训练集C和测试集C为1772r/min转速下的训练集和测试集；训练集D和测试集D为1797r/min转速下的训练集和测试集。

（2）轴承故障诊断结果。变速情况下多种模型的轴承故障诊断结果如表3-19所示。

表3-19　多种模型在12种自适应场景中的轴承故障诊断测试准确率

项目	G-LWRCNN	D-LWRCNN	S-LWRCNN	S-LWRCNN(AdaBN)
A-B	70.61%	75.92%	69.16%	98.67%
A-C	71.06%	76.32%	69.67%	99.10%
A-D	71.25%	76.38%	70.49%	99.46%
B-A	70.97%	75.78%	69.98%	99.23%
B-C	70.67%	75.99%	69.28%	98.95%
B-D	70.59%	75.72%	69.21%	98.30%
C-A	70.15%	76.09%	69.54%	99.08%
C-B	70.37%	76.15%	69.90%	99.28%
C-D	71.39%	76.88%	70.84%	99.52%
D-A	71.22%	76.85%	70.09%	99.36%
D-B	71.31%	76.58%	70.56%	99.47%
D-C	70.99%	76.07%	70.02%	99.19%
平均	70.88%	76.23%	70.90%	99.13%

三种轻量级残差卷积神经网络模型（LWRCNN）在变速情况下的轴承故障诊断准确率都比较低，D-LWRCNN模型因为采用了空洞卷积层提高了模型的泛化能力，因此相较G-LWRCNN和S-LWRCNN模型轴承故障诊断测试准确率较高。使用了AdaBN算法后，S-LWRCNN模型的轴承故障诊断测试准确率达到了99.13%。

3.3.5　小结

本节设计了一种基于AdaBN和Dropout算法S-LWRCNN模型。将改进后的模型应用于噪声环境和变速环境下的轴承故障诊断。仿真试验结果表明AdaBN和Dropout算法增强了S-LWRCNN模型的泛化能力，使S-LWRCNN模型具有较强的抗噪能力和变速自适应能力。

参考文献

[1] Ioffe S, Szegedy C. Batch normalization: Accelerating deep network training by reducing internal covariate shift[C]// International conference on machine learning. PMLR, 2015: 448-456.

[2] Appana D K, Islam M R, Kim J M. Reliable fault diagnosis of bearings using distance and density similarity on an enhanced k-NN[C]. Australasian: Artificial Life and Computational Intelligence, 2017:193-203.

[3] 陈湘中, 万烂军, 李泓洋, 等. 基于蚁群优化K均值聚类算法的滚轴故障预测[J]. 计算机工程与设计, 2020, 41(11):3218-3223.

[4] Wan Lanjun, Li Hongyang, Chen Yiwei, et al. Rolling bearing fault prediction method based on QPSO-BP neural network and Dempster–Shafer evidence theory[J]. Energies, 2020, 13(5):1094.

[5] Djork-Arné C, Unterthiner T, Hochreiter S. Fast and accurate deep network learning by exponential linear units (elus)[J]. arXiv preprint, 2015.

[6] Kumar A, Zhou Y, Gandhi C P, et al. Bearing defect size assessment using wavelet transform based Deep Convolutional Neural Network (DCNN)[J]. Alexandria Engineering Journal, 2020, 59(2): 999-1012.

[7] 孟祥峰. 基于深度学习的滚动轴承的故障诊断及预测[D]. 成都: 电子科技大学,2020.

[8] Ioffe S, Szegedy C. Batch normalization: Accelerating deep network training by reducing internal covariate shift[C]// International conference on machine learning. PMLR, 2015: 448-456.

[9] Lin M, Chen Q, Yan S. Network in network[J]. arXiv preprint arXiv:1312.4400, 2013.

[10] 曲建岭, 余路, 袁涛, 等. 基于一维卷积神经网络的滚动轴承自适应故障诊断算法[J]. 仪器仪表学报, 2018, 39(7):10.

[11] Kingma D P, Ba J. Adam: A method for stochastic optimization[J]. arXiv preprint arXiv:1412.6980, 2014.

[12] Qin P P. Comparison of SVM and neural network model for incident detection[J]. Computer Engineering and Applications, 2006, 42(34): 214-217.

[13] Guo G, Wang H, Bell D, et al. Using kNN model for automatic text categorization[J]. Soft Computing, 2006, 10: 423-430.

[14] Sak H, Senior A, Beaufays F. Long short-term memory based recurrent neural network architectures for large vocabulary speech recognition[J]. arXiv preprint arXiv:1402.1128, 2014.

[15] 赵小眼, 罗维兰. 改进卷积Lenet-5神经网络的轴承故障诊断方法[J]. 电子测量与仪器学报, 2022, 36(6):13.

[16] Xie S, Ren G, Zhu J. Application of a new one-dimensional deep convolutional neural network for intelligent fault diagnosis of rolling bearings[J]. Science Progress, 2020, 103(3): 0036850420951394.

[17] Kimura M. Generalized t-SNE Through the Lens of Information Geometry[J]. IEEE Access, 2021, 9: 129619-129625.

[18] 张开放, 苏华友, 窦勇. 一种基于混淆矩阵的多分类任务准确率评估新方法[J]. 计算机工程与科学, 2021, 043(011):1910-1919.

[19] 彭冬亮, 王天兴. 基于GoogLeNet模型的剪枝算法[J]. 控制与决策, 2019(6):6.

[20] Keskar N S, Mudigere D, Nocedal J, et al. On large-batch training for deep learning:Generalization gap and sharp minima[J]. arXiv preprint arXiv:1609.04836,2016.

第**4**章

孪生神经网络在故障诊断中的应用研究

4.1 基于宽卷积核浅层卷积孪生网络的故障诊断

4.1.1 宽卷积核浅层卷积孪生网络模型

在卷积神经网络中，卷积层主要对输入的样本数据进行特征提取，而第一层为宽卷积核的卷积层能够有效地提取时间序列数据中的短时特征[1]，因此将第一层为宽卷积核的卷积神经网络作为特征提取模块，对输入的数据进行特征提取，再利用欧氏距离对卷积神经网络提取的特征向量进行相似性度量，设计了名为"基于宽卷积核的浅层卷积孪生网络"——WSCSN（shallow convolutional siamese networks with wide first-layer kernels）。基于 WSCSN 的故障诊断模型如图4-1所示，该模型的输入为两个故障样本数据，利用第一层为宽卷积核的卷积层对输入的数据进行特征提取，通过最大池化层对提取的特征进行降维，通过两层卷积与池化将提取的特征输入全连接层得到特征向量，再应用欧式距离对特征向量进行相似性度量，最后经过全连接层输出一个用于判断两个样本之间相似程度的概率值。

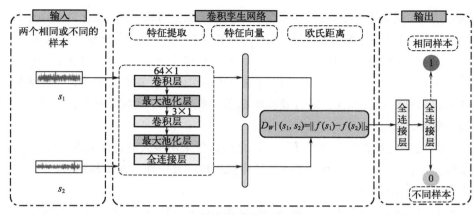

图4-1　故障诊断模型结构

基于宽卷积核的浅层卷积孪生网络由特征提取和相似性度量两部分组成，该网络的具体参数如表4-1所示。

表4-1　WSCSN的参数

编号	网络层	核大小	步长	核数目/个	零补
1	卷积层	64×1	16	16	是
2	最大池化层	2×1	2	16	否
3	卷积层	3×1	1	32	是
4	最大池化层	2×1	2	16	否
5	全连接层	—	—	100	—
6	欧式距离度量	—	—	—	—
7	全连接层	—	—	100	—
8	全连接层	—	—	1	—

特征提取部分，采用由两个卷积层与最大池化层、一个全连接层构成的浅层卷积神经网络结构。这种浅层网络结构减少了训练参数，大大降低了模型在训练样本稀缺中发生过拟合的概率。该浅层卷积神经网络的参数设计过程如下所述。

① 浅层卷积神经网络的第一个卷积层，采用16个尺寸大小为64×1的宽卷积核对时域信号进行卷积运算，这种宽卷积核增大了卷积层的感受野，提高了卷积层的特征提取能力；该卷积层采用16个步长作为卷积步长，即卷积核每移动16个步长，就与时域信号进行一次卷积运算；卷积过程中，为了避免数据丢失，对输入矩阵的边缘进行零补操作；经过卷积运算后，采用ReLU函数对卷积输出进行非线性激活。

② 浅层卷积神经网络的第一个池化层采用最大池化作为降采样操作；最大

池化减少了网络的训练参数，降低了网络发生过拟合的概率；该池化层由16个尺寸大小为2×1的池化核构成，其中池化核每移动2个步长就进行一次池化运算。

③ 浅层卷积神经网络的第二个卷积层，由32个尺寸大小为3×1的卷积核构成；该卷积核每移动1个步长，就完成一次卷积运算；卷积过程中，对输入矩阵的边缘进行零补操作；经过卷积运算后，采用ReLU函数对卷积输出进行非线性激活。

④ 浅层卷积神经网络的第二个池化层同样采用最大池化作为降采样操作；该池化层由16个尺寸大小为2×1的池化核构成，其中池化核每移动2个步长就进行一次池化运算。

⑤ 浅层卷积神经网络的最后一层采用100个神经元组成的全连接层将池化输出的特征转换为特征向量；该全连接层作为隐含层，采用ReLU函数对输出进行非线性激活。

相似性度量部分采用欧式距离和两个全连接来计算两个输入样本之间的相似度，其参数设计过程如下：

① 相似性度量部分的第一层采用欧氏距离对从两个样本中所提取的特征向量进行距离度量。

② 相似性度量部分的第二层采用100个神经元组成的全连接层将度量结果转换为向量；该全连接层作为隐含层，采用ReLU函数对输出进行非线性激活。

③ 相似性度量部分的最后一层采用1个神经元组成的全连接层来计算两个输入样本相似程度的概率值；该全连接层作为输出层，采用Sigmoid激活函数输出一个0～1范围内的概率值。

4.1.2　数据稀缺条件下的仿真试验

基于WSCSN的故障诊断流程如图4-2所示。首先，对振动信号数据进行采样和预处理，划分出训练集与测试集；其次，将训练集中的样本构造成样本对的形式，对WSCSN模型进行训练，当模型收敛或者达到训练次数时，保存最优模型；最后，调用训练好的模型对测试集中的未知标签样本进行识别，通过将测试集的未知标签样本与支持集的标签样本进行度量学习来实现故障诊断。

（1）数据集描述。采用具有代表性的公开齿轮箱数据集[2]对故障诊断模型的性能进行仿真试验验证。该数据集中的行星齿轮箱通常被应用于立式加工中心的主轴变速系统中，其详细参数如表4-2所示。该数据集包含了立式加工中心行星齿轮箱的两种主要工况数据，两种工况分别为转速1200r/min负载0N·m、转速1800r/min负载7.32N·m。每种工况中包含太阳轮的五种健康状态监测数

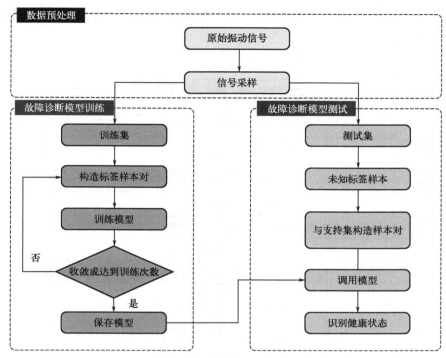

图4-2 故障诊断流程示意图

据，五种健康状态分别为正常、缺齿、断齿、齿根裂纹、齿面磨损。监测数据是由三向加速度传感器以采样频率5120Hz采集的振动信号。

表4-2 行星齿轮箱参数

齿轮参数	个数
行星轮齿数	36
太阳轮齿数	28
行星轮数	4
齿圈齿数	100

（2）数据采样与数据划分。由于三向加速度传感器分别从X、Y、Z三个方向对行星齿轮箱的运行状态进行监测，因此在太阳轮每种健康状态中包含了来自三个方向的监测数据。本节分别对三个方向的监测数据进行了采样与划分，并将生成的数据集对故障诊断模型进行仿真试验验证。

在转速为1200r/min负载0N·m工况中，X方向监测数据的时域图如图4-3所示。由图4-3可知，监测数据中包含了太阳轮的五种健康状态，每种健康状态时域图的特征个数与幅值大小均不同，波动周期与相位也表现出明显的差别。

以1024个采样点作为一个滑动窗口，对五种健康状态在X方向的监测数据进行无重叠采样。

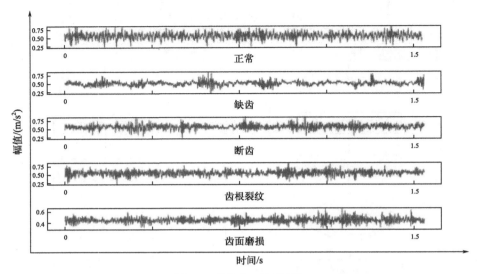

图4-3　数据集A的时域图

对太阳轮的每种健康状态数据均采集85个样本，并按照7∶3的比例，划分为60个训练样本和25个测试样本。因此太阳轮的五种健康状态共计包含300个训练样本与125个测试样本。对太阳轮的五种健康状态进行标签自定义，将"正常""缺齿""断齿""齿根裂纹""齿面磨损"分别定义为0、1、2、3、4；将经过采样与划分的数据集定义为数据集A，如表4-3所示。

表4-3　数据集A

数据集	故障类型	标签	描述	方向	训练样本/个	测试样本/个	工况
数据集A	正常	0	健康运行状态	X	60	25	1200r/min 0N·m
	缺齿	1	齿轮上出现缺齿		60	25	
	断齿	2	齿轮上出现断齿		60	25	
	齿根裂纹	3	齿根处有裂纹		60	25	
	齿面磨损	4	齿轮表面出现磨损		60	25	

在转速为1200r/min负载0N·m工况中，Y方向监测数据的时域图如图4-4所示。对于Y方向监测数据，按照与X方向相同的采样与划分方式对其进行处理。将经过采样与划分得到的数据集定义为数据集B，如表4-4所示。

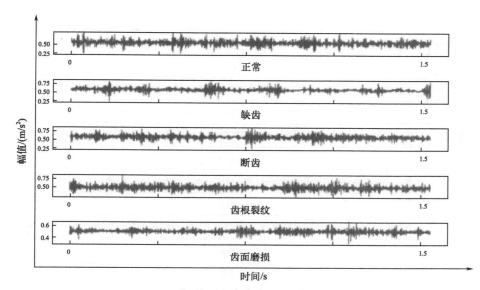

图4-4　数据集B的时域图

表4-4　数据集B

数据集	故障类型	标签	描述	方向	训练样本/个	测试样本/个	工况
数据集B	正常	0	健康运行状态	Y	60	25	1200r/min 0N·m
	缺齿	1	齿轮上出现缺齿		60	25	
	断齿	2	齿轮上出现断齿		60	25	
	齿根裂纹	3	齿根处有裂纹		60	25	
	齿面磨损	4	齿轮表面出现磨损		60	25	

在转速为1200r/min负载0N·m工况中，Z方向监测数据的时域图如图4-5所示。对于Z方向监测数据，按照与X方向相同的采样与划分方式对其进行处理。将经过采样与划分得到的数据集定义为数据集C，如表4-5所示。

表4-5　数据集C

数据集	故障类型	标签	描述	方向	训练样本/个	测试样本/个	工况
数据集C	正常	0	健康运行状态	Z	60	25	1200r/min 0N·m
	缺齿	1	齿轮上出现缺齿		60	25	
	断齿	2	齿轮上出现断齿		60	25	
	齿根裂纹	3	齿根处有裂纹		60	25	
	齿面磨损	4	齿轮表面出现磨损		60	25	

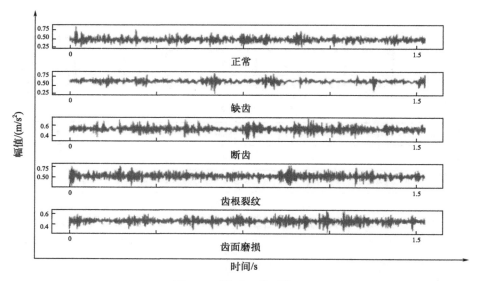

图4-5　数据集C的时域图

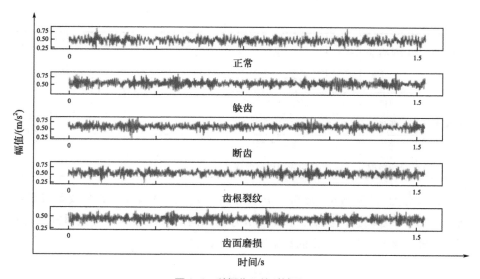

图4-6　数据集D的时域图

在转速为1800r/min负载7.32N·m工况中，X方向监测数据的时域图如图4-6所示。对于该工况中的监测数据，按照与1200r/min工况相同的采样与划分方式对其进行处理，将经过采样与划分得到的数据集定义为数据集D，如表4-6所示。

表4-6　数据集D

数据集	故障类型	标签	描述	方向	训练样本/个	测试样本/个	工况
数据集D	正常	0	健康运行状态	X	60	25	1800r/min 7.32N·m
	缺齿	1	齿轮上出现缺齿		60	25	
	断齿	2	齿轮上出现断齿		60	25	
	齿根裂纹	3	齿根处有裂纹		60	25	
	齿面磨损	4	齿轮表面出现磨损		60	25	

（3）仿真试验内容设计。为了验证WSCSN模型在数据稀缺条件下的故障诊断性能，评估样本数量对模型性能的影响，以数据集A为例，在其训练样本中，随机选择30个、60个、120个、180个、240个、300个训练样本，分别作为训练集进行对比试验。为了避免随机选择的训练样本造成偏差，对每个训练集均进行5次训练样本随机选择，并利用每次随机选择的训练样本对WSCSN模型进行5次训练。在训练过程中，采用Adam优化算法对WSCSN模型进行参数更新，采用论文[3]推荐的参数0.001作为Adam的学习率；同时引入Early-Stopping训练机制，若模型在训练中的识别精度没有进一步提升，则停止训练并保存最佳参数。

为了进一步验证WSCSN模型的先进性，将支持向量机（SVM）、深度卷积神经网络（WDCNN）[1]、小样本学习方法（FSL）[4]，按照与WSCSN模型相同的训练方式在训练集下进行训练。仿真试验内容如图4-7所示。

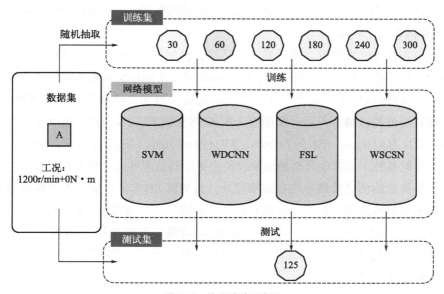

图4-7　仿真试验示意图

将数据集A中的125个测试样本设为测试集，对训练集训练的模型分别进行测试。测试过程中将测试集与一个包含5种故障类型、每类5个标签样本组成的支持集进行相似性度量学习。为了避免训练偏差影响模型的性能评估，本节对每次训练后的模型均进行测试，并取其测试平均值作为最终识别结果。使用准确率和准确率的标准差这两项指标评估故障诊断模型的性能。准确率（accuracy）表示被正确预测的样本在所有样本中所占的比例，准确率越高则说明算法的识别能力越强，反之越弱。其数学模型见式（4-1）：

$$ACC = \frac{TP+TN}{TP+TN+FP+FN} = \frac{TP+TN}{all\ data} \tag{4-1}$$

式中，ACC为准确率；all data为所有样本的数量；TP、TN为被正确预测的样本数量；FP、FN为被错误预测的样本数量。

在TP、TN、FP、FN中，第一个字母表示样本的预测类别与真实类别是否一致，第二个字母表示样本被预测的类别。

准确率的标准差（standard deviation）反应一组准确率之间的离散和集中程度、稳定和波动情况，标准差越小则说明准确率越稳定、越集中，反之越离散。其数学模型见式（4-2）：

$$SD = \sqrt{\frac{1}{N}\sum_{i=1}^{N}(x_i - \mu)^2} \tag{4-2}$$

式中，SD为准确率的标准差；N为准确率的数量；x_i为第i个准确率的值；μ为准确率的平均值。

（4）仿真试验结果。四种算法的测试准确率如图4-8所示，其横坐标表示不同训练样本数量组成的训练集，纵坐标表示每个训练集所训练模型的测试准确率。从图4-8中可以看出，在训练样本数量仅为30个的极端小样本条件下，四种算法的测试精度差距非常明显，WSCSN达到87.12%的测试准确率，优于WDCNN的47.92%、FSL的72.56%、SVM的85.76%，说明了WSCSN在训练样本稀缺条件下与其他算法相比能表现出更好的识别性能。随着训练样本的增加，各算法的测试准确率均在逐步提升，且WSCSN与其他算法相比始终保持较高的测试准确率。从图中可以看出，当训练样本数量增至300个时，各算法均达到最佳测试准确率，其中仅有WSCSN的测试准确率可达100%，说明了WSCSN的识别能力随着训练样本的增加而不断提升，且不需要过多的训练样本就能获得较好的识别能力。

四种算法测试准确率的标准差如图4-9所示，其横坐标表示不同训练样本数

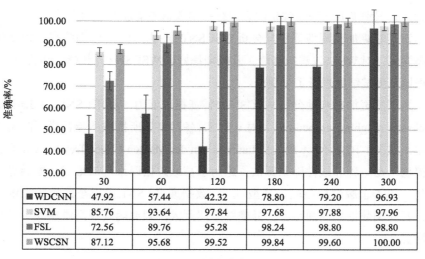

	30	60	120	180	240	300
■WDCNN	47.92	57.44	42.32	78.80	79.20	96.93
▨SVM	85.76	93.64	97.84	97.68	97.88	97.96
■FSL	72.56	89.76	95.28	98.24	98.80	98.80
▨WSCSN	87.12	95.68	99.52	99.84	99.60	100.00

图4-8 测试准确率对比

量组成的训练集，纵坐标表示每个训练集所训练模型测试准确率的标准差。从
图中可以看出，在训练样本稀缺下，尤其在仅有30个训练样本时，WSCSN的
准确率标准差为2.19，比其他算法的准确率标准差更低，说明了WSCSN的测试
准确率比其他算法波动小，反映了WSCSN在随机选择的训练样本下能保持稳
定的识别能力。随着训练样本的增加，WSCSN的准确率标准差逐步降低，并始
终低于其他算法的准确率标准差，说明了WSCSN的测试准确率随着训练样本
的增加浮动越来越小，反映了WSCSN的识别能力越来越稳定。当训练样本的
数量增至300个时，WSCSN的标准差降至0，WSCSN的稳定性达到最佳。

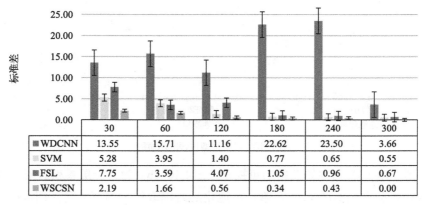

	30	60	120	180	240	300
■WDCNN	13.55	15.71	11.16	22.62	23.50	3.66
▨SVM	5.28	3.95	1.40	0.77	0.65	0.55
■FSL	7.75	3.59	4.07	1.05	0.96	0.67
▨WSCSN	2.19	1.66	0.56	0.34	0.43	0.00

图4-9 测试标准差对比

综上分析，在训练样本稀缺条件下，WSCSN与其他算法相比，表现出更
高的识别准确率与更低的准确标准差，说明了其具有更好的识别能力与稳定性；

同时，其识别能力与稳定性也随着训练样本数量的增加而不断提升。

为了能更加直观地评估与分析WSCSN的性能，以60个训练样本组成的训练集为例，对WSCSN进行训练，并将训练好的WSCSN在测试集上的特征提取过程以及测试结果进行了可视化。

为了能更加直观地分析WSCSN的特征提取能力，利用t-SNE（t-distributed stochastic neighbor embedding）对WSCSN各网络层所提取的特征进行降维并可视化，如图4-10所示。t-SNE由Laurens van der Maaten和Geoffrey Hinton于2008年提出，是一种非线性降维算法，适用于高维数据降维到二维或三维后进行可视化，用于了解数据与验证模型[5]。当数据通过t-SNE投影至二维或三维空间中，若同类数据之间间距小，异类数据间距大，则说明其在高维空间中具有可分性。

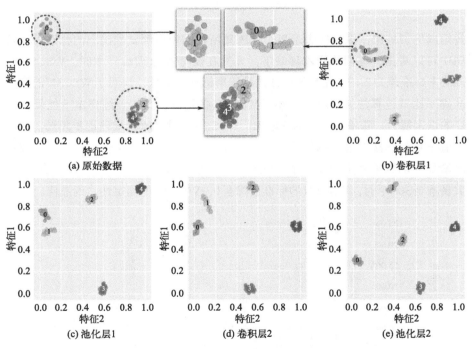

图4-10 特征提取过程的示意图

图4-10（a）为原始数据的可视化，图4-10（b）为第一层卷积后所提取特征的可视化，图4-10（c）为第一层池化后所提取特征的可视化，图4-10（d）为第二层卷积后所提取特征的可视化，图4-10（e）为第二层池化后所提取特征的可视化。各图的横纵坐标分别表示模型的各层输出在二维空间内的特征数值。而图中"0"指代太阳轮正常状态，"1"指代太阳轮的缺损故障，"2"指代太阳

轮的断齿故障，"3"指代太阳轮的齿根磨损故障，"4"指代太阳轮的齿面磨损故障。

从图4-10（a）中可以看出，太阳轮五种健康状态的原始数据无法直接在二维空间分离，尤其是标签0与1、3与4的特征数据杂糅在一起，间距较小无法分离，说明了太阳轮正常状态数据与缺损故障数据包含着较多相同的特征，齿根磨损状态数据与齿面磨损状态数据也是如此。从图4-10（b）中可以看出，经过第一层卷积后，标签0与1、3与4的特征数据在二维空间上明显分离，说明了第一层为宽卷积核的卷积层对于振动信号数据表现出极佳的特征提取性能。从图4-10（c）、图4-10（d）中可以看出，再次经过池化与卷积后，相同标签的特征数据在二维空间上表现出良好的相似性，而不同标签的数据则得到了较好的分类效果。通过利用t-SNE对WSCSN各网络层的输出特征进行可视化，可以更加直观清晰地了解WSCSN的整个特征提取过程，也极好地验证了WSCSN具有较好的特征提取能力。

为了能更加直观地评估WSCSN在训练样本稀缺条件下的故障诊断性能，利用t-SNE对WSCSN与FSL最后一个全连接层提取的特征进行降维并可视化，其中FSL是一个深层的孪生网络模型。如图4-11（a）所示，标签为0与1、2与3的原始数据经过FSL提取的特征数据在二维空间上部分杂糅在一起，分类不够明显；而在图4-11（b）中，标签为0与1、2与3的原始数据经过WSCSN提取的特征数据在二维空间上明显分离，分类较为明显。说明了WSCSN比FSL表现出更好的特征提取能力，同时也验证了浅层卷积孪生网络比深层孪生网络在数据稀缺条件下分类性能更好。

为了能更加直观地分析WSCSN对不同标签样本的分类性能，利用混淆矩阵对WSCSN与FSL的识别准确率进行可视化。在图4-11（c）、图4-11（d）中，横坐标表示测试样本的真实标签，而纵坐标表示测试样本的预测标签，每类标签下均有25个测试样本，因此混淆矩阵的主对角线数值表示每类测试样本被模型正确识别的数量。从图中可以看出，对标签为1的25个测试样本，WSCSN能识别出25个，达到100%的识别精度，而FSL仅能识别出22个；对标签为2的25个测试样本，WSCSN能识别出25个，达到100%的识别精度，而FSL仅能识别出15个；对标签为3的25个测试样本，WSCSN能识别出25个，达到100%的识别精度，而FSL仅能识别出12个。这说明了WSCSN比FSL表现出更好的诊断性能，尤其体现在对断齿故障与齿根磨损故障的识别中。

综上分析可知，第一层为宽卷积核的卷积层对于提升网络模型的特征提取能力具有显著影响，而结合了欧氏距离度量的浅层网络结构，能够避免过拟合的发生，同时在样本稀缺条件下表现出更好的分类诊断能力。

行星齿轮箱的运行状态。为了能更加准确地判断行星齿轮箱故障发生的位置与时间，往往需要故障诊断算法对传感器从多个方向监测的数据进行故障诊断，最后将所有诊断结果进行综合分析来确定当前行星齿轮箱的健康状态。因此当监测数据来源于同一传感器的不同方向时，这对故障诊断算法的鲁棒性与泛化能力提出了更高的要求。而现有的故障诊断算法在训练样本稀缺条件下，对同一传感器从不同方向收集的监测数据表现出较差的鲁棒性与泛化能力。

上节设计的基于宽卷积核浅层卷积孪生网络（WSCSN）在训练样本稀缺条件下表现出较高的识别精度与较好的稳定性。为进一步提升故障诊断算法的鲁棒性与泛化能力，本节对WSCSN进一步优化。在故障诊断算法中，特征提取能力对于算法的鲁棒性以及泛化能力起着至关重要的作用，而特征提取模块中的参数量往往影响着特征提取的性能。因此为了提高算法的鲁棒性与泛化能力通常需要降低特征提取模块中的参数量，以便于其能更好地学习样本的全局特征。考虑到全局平均池化算法在满足良好降维能力的同时，还能够减少网络模型的参数数量，因此尝试将WSCSN中的特征提取部分与全局平均池化算法进行结合，设计了基于全局平均池化的卷积孪生网络。

4.2.1　全局平均池化算法

在卷积孪生网络训练过程中，池化层通过连接多个全连接层实现降维。全连接层是网络模型中参数最为集中的模块，而多个全连接层会增加模型中的参数，降低模型的训练速度，容易导致模型发生过拟合。为了解决该问题，应用GAP来替代全连接层，其通过极小的计算代价实现降维，同时减少网络参数。全局平均池化是一种特殊的平均池化，它将卷积后的所有特征数据取平均后输出到下一层。其数学模型见式（4-3）：

$$y_k = \frac{1}{|R|} \sum_{(p,q) \in R} x_{kpq} \tag{4-3}$$

式中，y_k为与第k个特征图的全局平均池化输出值；x_{kpq}为第k个特征图区域R中位于(p,q)处的元素；$|R|$为第k个特征图全部元素的个数。

对于一个经过卷积后得到的特征图$X \in R^{h \times w \times d}$，通过全局平均池化之后生成新的特征图$O \in R^{1 \times 1 \times d}$，如图4-12所示。

在网络模型中，全局平均池化层相比于全连接层没有需要优化的参数，因此利用该层去替代网络中的全连接层有利于减少网络模型的参数量，降低模型发生过拟合的概率。假设最后一个卷积层输出的是4个4×4的特征图，若经过

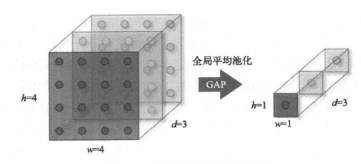

图4-12   全局平均池化过程示意图

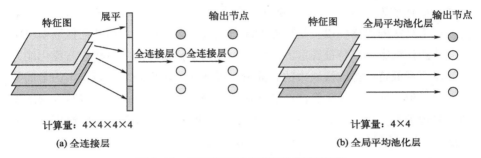

图4-13   全连接层与全局平均池化层对比图

两层全连接层进行分类，则需要进行216次计算，如图4-13（a）所示；若经过全局平均池化层进行特征提取后直接分类，则只需要进行16次计算，如图4-13（b）所示。全局平均池化对输入的特征信息能够进行有效整合归纳，既实现了降维又极大地提高了模型的鲁棒性。

4.2.2   全局平均池化的卷积孪生网络故障诊断模型

全局平均池化的卷积孪生网络(convolutional siamese networks with global average pooling，GAPCSN)的故障诊断模型如图4-14所示。该模型的输入为两个故障样本数据，利用卷积层与池化层对输入的数据进行特征提取后，将提取的特征输入全局平均池化层得到特征向量并降低模型的参数量，提高模型的泛化能力，再应用欧式距离对特征向量进行度量学习，最后经过全连接层输出一个用于判断两个样本之间相似程度的概率值。

4.2.3   参数设计

GAPCSN由特征提取和相似性度量两部分组成，该网络的具体参数如表4-7所示。

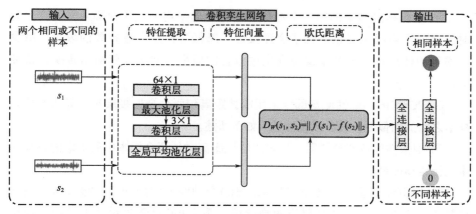

图4-14　故障诊断模型结构

表4-7　GAPCSN的参数

编号	网络层	核大小	步长	核数目/个	零补
1	卷积层	64×1	16	16	是
2	最大池化层	2×1	2	16	否
3	卷积层	3×1	1	32	是
4	全局平均池化层	—			否
5	欧式距离度量	—			—
6	全连接层	—		100	—
7	全连接层	—		1	—

GAPCSN的特征提取部分采用两层卷积与池化构成的卷积神经网络结构，其参数设计过程如下所述。

① 卷积神经网络的第一个卷积层，采用16个尺寸大小为64×1的宽卷积核对时域信号进行卷积运算；该卷积层采用16个步长作为卷积步长，卷积核每移动16个步长，就与时域信号进行一次卷积运算；卷积过程中，对输入矩阵的边缘进行零补操作；经过卷积运算后，采用ReLU函数对卷积输出进行非线性激活。

② 卷积神经网络的第一个池化层采用最大池化作为降采样操作；该池化层由16个尺寸大小为2×1的池化核构成，其中池化核每移动2个步长就进行一次池化运算。

③ 卷积神经网络的第二个卷积层，由32个尺寸大小为3x1的卷积核构成；该卷积核每移动1个步长，就完成一次卷积运算；卷积过程中，对输入矩阵的边缘进行零补操作；经过卷积运算后，采用ReLU函数对卷积输出进行非线性激活。

④ 卷积神经网络的第二个池化层采用全局平均池化作为降采样操作；同时，全局平均池化层也替代了全连接层，降低了模型训练参数的数量，减少了模型的计算量，降低了模型发生过拟合的概率，并将卷积输出转换为特征向量。

GAPCSN的相似性度量部分采用欧式距离和两个全连接层来计算两个输入样本之间的相似度，其参数设计过程如下所述。

① 相似性度量部分的第一层采用欧氏距离对从两个样本中所提取的特征向量进行距离度量。

② 相似性度量部分的第二层采用100个神经元组成的全连接层将度量结果转换为向量；该全连接层作为隐含层，采用ReLU函数对输出进行非线性激活。

③ 相似性度量部分的最后一层采用1个神经元组成的全连接层来计算两个输入样本相似程度的概率值；该全连接层作为输出层，采用Sigmoid激活函数输出一个0～1范围内的概率值。

4.2.4　仿真试验

为了验证GAPCSN模型在数据稀缺条件下的故障诊断性能，评估样本数量对模型性能的影响，从数据集A的训练样本中，随机选择30个、60个、120个、180个、240个、300个训练样本，分别作为训练集进行对比试验。为了避免随机选择的训练样本造成偏差，对每个训练集均进行5次训练样本随机选择，并利用每次随机选择的训练样本对GAPCSN模型进行5次训练。在训练过程中，采用Adam优化算法对GAPCSN模型进行参数更新，采用参考文献[3]推荐的参数0.001作为Adam的学习率；同时引入Early-Stopping训练机制，若模型在训练中的识别精度没有进一步提升，则停止训练并保存最佳参数。

为了进一步验证GAPCSN模型的先进性，将支持向量机（SVM）、深度卷积神经网络（WDCNN）[1]、小样本学习方法（FSL）[4]、基于宽卷积核的浅层卷积孪生网（WSCSN），按照与GAPCSN模型相同的训练方式在训练集下进行训练。

为了进一步评估GAPCSN模型在同一工况不同方向监测数据中的鲁棒性与泛化能力，又将4.1中数据集B、数据集C的训练样本，按照与数据集A相同的训练方式对GAPCSN等模型进行训练。因此，利用了三个数据集分别对GAPCSN模型进行仿真试验验证，其中数据集A、B、C是转速为1200r/min、负载0N·m工况下，传感器从X、Y、Z三个方向监测收集的样本数据，仿真试验内容如图4-15所示。

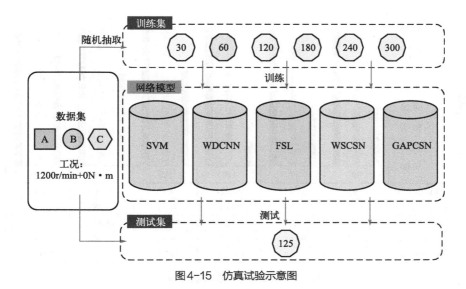

图4-15 仿真试验示意图

首先将数据集A中的125个测试样本设为测试集，对训练集训练的模型分别进行测试。测试过程将测试集与包含5种故障类型、每类5个标签样本组成的支持集进行学习。为了避免训练偏差影响模型的性能评估，对每次训练后的模型均进行测试，并取其测试平均值作为最终识别结果。

同样将数据集B、数据集C中的测试样本设为测试集，按照与数据集A相同的测试方式对两个数据集训练的GAPCSN等模型分别进行测试。

4.2.5 仿真试验结果分析

4.2.5.1 数据集A中的仿真试验结果分析

五种算法在数据集A中的测试准确率如图4-16所示，其横坐标表示不同训练样本数量组成的训练集，纵坐标表示每个训练集所训练模型的测试准确率。从图4-16中可以看出，在训练样本数量仅为30个的极端小样本条件下，GAPCSN的测试准确率达到98.40%，比WSCSN的测试准确率提升了11.28%，并优于WDCNN的47.92%、FSL的72.56%、SVM的85.76%，说明了GAPCSN在训练样本稀缺条件下比其他算法表现出更好的识别性能。随着训练样本的增加，各算法的测试准确率均在稳步提升，且GAPCSN与其他算法相比，始终保持较高的测试准确率。从图中可以看出，当训练样本数量增至120个时，GAPCSN的测试准确率便可达到100%。综上可以说明，GAPCSN在X方向的监测数据中表现出较好的识别性能。

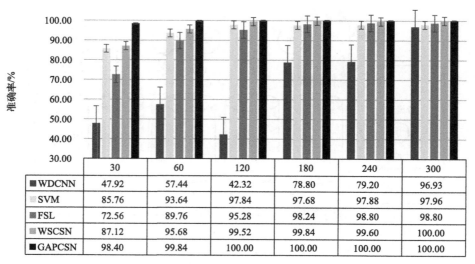

图4-16　数据集A下的测试准确率对比

	30	60	120	180	240	300
■WDCNN	47.92	57.44	42.32	78.80	79.20	96.93
SVM	85.76	93.64	97.84	97.68	97.88	97.96
■FSL	72.56	89.76	95.28	98.24	98.80	98.80
WSCSN	87.12	95.68	99.52	99.84	99.60	100.00
■GAPCSN	98.40	99.84	100.00	100.00	100.00	100.00

　　五种算法在数据集A中测试准确率的标准差如图4-17所示，其横坐标表示不同训练样本数量组成的训练集，纵坐标表示每个训练集所训练模型测试准确率的标准差。从图4-17中可以看出，在仅有30个训练样本时，GAPCSN的准确率标准差为1.77，比其他算法的准确率标准差更低，说明在随机选择的训练样本条件下，GAPCSN表现出更好的稳定性。随着训练样本的增加，GAPCSN的准确率标准差逐步降低，比其他算法的准确率标准差更低。当样本数量增至120个时，GAPCSN的标准差降至0，GAPCSN的稳定性达到最佳，说明了不管训练样本如何随机选择，GAPCSN始终保持较高的识别能力。综上可以说明，GAPCSN在X方向的监测数据中表现出较好的稳定性。

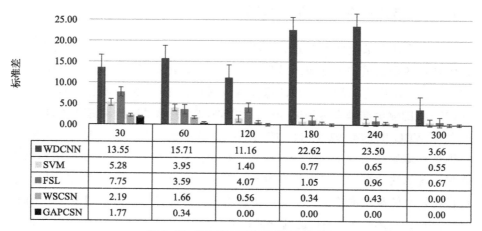

	30	60	120	180	240	300
■WDCNN	13.55	15.71	11.16	22.62	23.50	3.66
SVM	5.28	3.95	1.40	0.77	0.65	0.55
■FSL	7.75	3.59	4.07	1.05	0.96	0.67
WSCSN	2.19	1.66	0.56	0.34	0.43	0.00
■GAPCSN	1.77	0.34	0.00	0.00	0.00	0.00

图4-17　数据集A下的测试标准差对比

4.2.5.2 数据集B中的仿真试验结果分析

五种算法在数据集B中的测试准确率如图4-18所示，在训练样本数量仅为30个的极端小样本条件下，GAPCSN可以达到96.88%的测试准确率，远远高于WDCNN的42.64%、FSL的37.68%、SVM的66.96%，并且比WSCSN提升了29.28个百分点，说明了GAPCSN在训练样本稀缺条件下能表现出更好的识别性能。随着训练样本的增加，各算法的测试准确率均在逐步提升，且GAPCSN的识别精度始终高于其他算法，当训练样本数量增至300个时，各算法的测试准确率均达到最佳，其中GAPCSN的测试准确率达到98.27%。同时可以观察到，当训练集由30个、60个、120个、180个样本组成时，除GAPCSN以外的其他算法测试准确率均低于90%，由此可以推断出数据集B中的数据质量比数据集A要低，传感器在Y方向监测的数据中存在一定的干扰信号，对WSCSN等算法的识别性能产生一定的影响，说明了数据的质量严重影响着模型的识别能力。尽管Y方向的监测数据质量差，但GAPCSN依然能对其进行有效识别，且识别精度始终在94%以上，这在一定程度上验证了GAPCSN比其他算法表现出更好的鲁棒性与泛化能力。

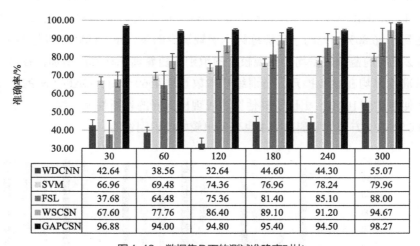

	30	60	120	180	240	300
WDCNN	42.64	38.56	32.64	44.60	44.30	55.07
SVM	66.96	69.48	74.36	76.96	78.24	79.96
FSL	37.68	64.48	75.36	81.40	85.10	88.00
WSCSN	67.60	77.76	86.40	89.10	91.20	94.67
GAPCSN	96.88	94.00	94.80	95.40	94.50	98.27

图4-18 数据集B下的测试准确率对比

五种算法在数据集B中测试准确率的标准差如图4-19所示，在30个训练样本条件下，GAPCSN的准确率标准差为1.66，WSCSN的准确率标准差为7.10，GAPCSN的准确率标准差比WSCSN降低了5.44，稳定性得到大幅提升，说明了GAPCSN在训练样本稀缺条件下表现出更好的稳定性。随着训练样本的增加，GAPCSN的准确率标准差在1～4的范围内上下波动，说明了质量较差的Y方向监测数据对GAPCSN的稳定性产生一定的影响。当训练样本增至300个时，

GAPCSN 的准确率标准差降至 1.55，比其他算法表现出更好的稳定性。

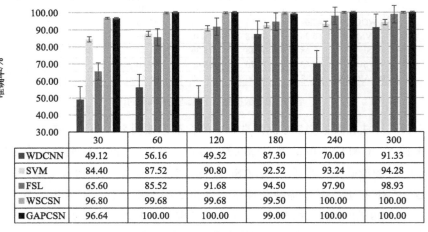

	30	60	120	180	240	300
■ WDCNN	10.19	11.60	9.14	8.56	8.31	12.65
SVM	4.01	3.96	3.53	2.54	2.46	2.28
■ FSL	10.23	7.76	3.43	6.34	2.67	3.12
WSCSN	7.10	3.43	3.56	2.53	1.91	3.11
■ GAPCSN	1.66	2.59	1.65	2.83	3.35	1.55

图4-19　数据集B下的标准差对比

4.2.5.3　数据集C中的仿真试验结果分析

五种算法在数据集C中的测试准确率如图4-20所示，在训练样本数量仅为30个的极端小样本条件下，GAPCSN的测试准确率达到96.64%，优于WDCNN的49.12%、FSL的65.60%、SVM的84.40%，与此同时WSCSN的测试准确率也达到了96.80%，说明了在训练样本极端缺少的条件下，GAPCSN与WSCSN对于Z方向的监测数据均能实现较好的识别。随着训练样本的增加，各算法的测试准确率均在逐步提升，当训练样本数量增至60个时，GAPCSN的测试准确率便能达到100%，相比于其他算法表现出更好的诊断性能。综上可以说明，GAPCSN在Z方向的监测数据中也表现出较好的识别性能。

	30	60	120	180	240	300
■ WDCNN	49.12	56.16	49.52	87.30	70.00	91.33
SVM	84.40	87.52	90.80	92.52	93.24	94.28
■ FSL	65.60	85.52	91.68	94.50	97.90	98.93
WSCSN	96.80	99.68	99.68	99.50	100.00	100.00
■ GAPCSN	96.64	100.00	100.00	99.00	100.00	100.00

图4-20　数据集C下的测试准确率对比

　　五种算法在数据集C中的测试准确率的标准差如图4-21所示，在仅有30个训练样本时，GAPCSN 与 WSCSN 的准确率标准差较为接近，仅相差0.18，说明在随机选择训练样本条件下，GAPCSN 与 WSCSN在保持较高识别精度的同时又表现出较好的稳定性。随着训练样本的增加，各算法的准确率标准差均在一定范围内上下波动，当样本数量增至60个时，GAPCSN的标准差降至0，其稳定性达到最佳。综上可以说明，GAPCSN在Z方向的监测数据中也表现出较好的稳定性。

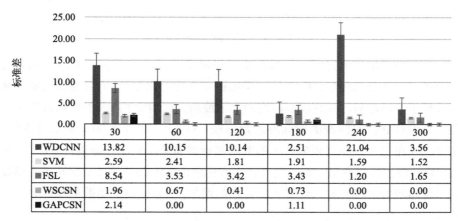

	30	60	120	180	240	300
■WDCNN	13.82	10.15	10.14	2.51	21.04	3.56
□SVM	2.59	2.41	1.81	1.91	1.59	1.52
■FSL	8.54	3.53	3.42	3.43	1.20	1.65
■WSCSN	1.96	0.67	0.41	0.73	0.00	0.00
■GAPCSN	2.14	0.00	0.00	1.11	0.00	0.00

图4-21　数据集C下的测试标准差对比

4.2.5.4　不同方向检测数据的试验结果综合分析

　　数据集A、B、C中的样本分别是加速度传感器从X、Y、Z三个方向监测采样得到。为了进一步分析GAPCSN的鲁棒性与泛化能力，本章将GAPCSN的测试结果进行综合分析。

　　GAPCSN在三个方向监测数据中的测试准确率如图4-22所示，随着训练样本数量的增加，GAPCSN 的测试准确率总体上表现出稳步提升的趋势，但在较小范围内上下浮动。例如在Y方向监测数据中，GAPCSN的测试准确率先由96.88%下降至94.00%，最后又逐步提升至98.27%。当训练样本的数量增至300个时，GAPCSN在三个方向监测数据中的测试准确率达到最高水平，均在98%以上，尤其在X与Z方向监测数据中达到100%。在30个训练样本的极端情况下，GAPCSN在三个方向监测数据中的测试准确率分别为98.40%、96.88%、96.64%，均达到了96.00%以上。综上可以说明，GAPCSN在训练样本稀缺条件下，对三个方向的监测数据均能表现出较高的诊断能力，且识别精度不会因训练样本数量的变化而发生剧烈的波动，表现出较好的鲁棒性与泛化能力。

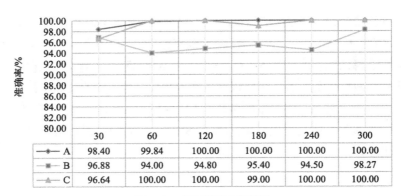

图4-22   测试准确率折线图

GAPCSN在三个方向监测数据中测试准确率的标准差如图4-23所示，随着训练样本数量的增加，GAPCSN 的准确率标准差在X和Z方向监测数据中表现出缓慢下降趋势，并在较小范围内上下波动。而由于Y方向的监测数据质量差，导致GAPCSN的准确率标准差始终在1.5以上。在仅有30个训练样本时，GAPCSN在三个方向监测数据中的准确率标准差差距较小，分别为1.77、1.66和2.14。综上可以说明，在极端小样本条件下，GAPCSN对三个方向的监测数据表现出较好的稳定性；随着训练样本的增加，Y方向的监测数据对GAPCSN的稳定性产生一定影响。

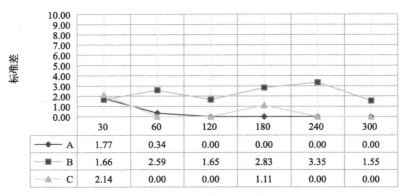

图4-23   测试标准差折线图

综上分析，GAPCSN在训练样本稀缺条件下比其他算法表现出更好的识别精度与稳定性。同时，GAPCSN在三个方向监测数据中均能够保持较高的识别精度，表现出极好的鲁棒性与泛化能力。GAPCSN是在 WSCSN 的基础上融入了全局平均池化算法，无论在诊断性能还是泛化能力均比 WSCSN 突出，这也说明了全局平均池化算法对于卷积孪生网络性能的提升起到了至关重要的作用。

4.2.6 仿真试验结果可视化

为了能更加直观地理解三个方向监测数据的分布情况，利用t-SNE对三个数据集进行降维并可视化，如图4-24所示。各图的横纵坐标分别表示原始数据在二维空间内的特征数值。

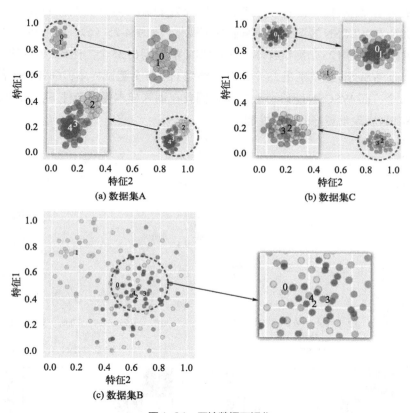

图4-24　原始数据可视化

如图4-24（a）所示，X方向的样本数据经过降维后表现出较为明显的特征信息，且分布较为集中，其中标签为0和1、3和4的特征数据杂糅在一起无法分离，而标签为0与2的特征数据则实现了较好的分离；如图4-24（b）所示，Z方向的样本数据经过降维后也表现出较为明显的特征信息，且分布较为集中，其中标签为0和4、2和3的特征数据杂糅在一起无法分离，而标签为0与2的特征数据则实现了较好的分离；如图4-24（c）所示，Y方向样本数据经过降维后表现出杂乱无章的特征信息，其分布较为离散，各标签的特征数据均无法聚类分离。综上所述，从可视化的角度可以看出，数据集A与C比数据集B的数据可分性更好，更适用于故障诊断，说明了加速度传感器从X与Z方向监测采样

到的数据比 Y 方向的数据质量更高。若故障诊断模型在数据质量较差的数据集 B 中依然能保持较好的识别能力，则能够证明该故障诊断模型具有较好的鲁棒性与泛化能力。

利用 t-SNE 对 GAPCSN 与 WSCSN 最后一层提取的特征进行降维并可视化。如图 4-25（a）、图 4-25（b）所示，在数据集 A 中，经过 GAPCSN 与 WSCSN 提取的特征数据在二维空间上均表现出较好的分类效果。利用混淆矩阵对 GAPCSN 与 WSCSN 的识别准确率进行可视化，如图 4-25（c）、图 4-25（d）所示，对标签为 0 的 25 个测试样本，GAPCSN 能识别出 25 个，达到 100% 的识别精度，而 WSCSN 能识别出 23 个；对标签为 1 的 25 个测试样本，GAPCSN 能识别出 24 个，而 WSCSN 能识别出 23 个。因此在训练样本稀缺条件下，GAPCSN 比 WSCSN 表现出更好的诊断性能。

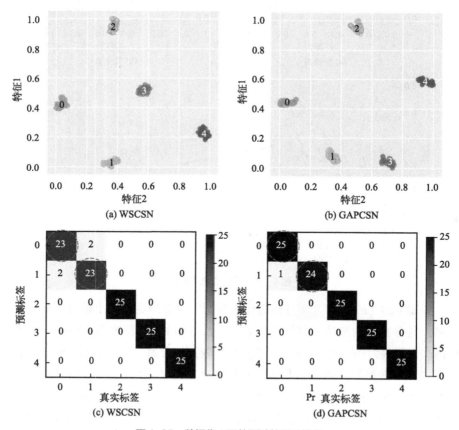

图 4-25   数据集 A 下的测试结果可视化

如图 4-26（a）所示，在数据集 B 中，标签为 2 与 3 的原始数据经过 WSCSN 提取的特征数据在二维空间上部分杂糅在一起，分类不够明显；而在图 4-26

（b）中，标签为2与3的原始数据经过GAPCSN提取的特征数据绝大部分在二维空间上明显分离，分类较为明显。说明在训练样本稀缺条件下，GAPCSN与WSCSN相比，表现出更好的特征提取能力。如图4-26（c）和（d）所示，对标签为1的25个测试样本，GAPCSN能识别出24个，而WSCSN能识别出10个；对标签为2的25个样本，GAPCSN能识别出22个，而WSCSN仅能识别出20个；对标签为3的25个样本，GAPCSN能识别出22个，而WSCSN仅能识别出11个。综上分析，在训练样本稀缺条件下，GAPCSN比WSCSN在数据集B中表现出更好的诊断性能。

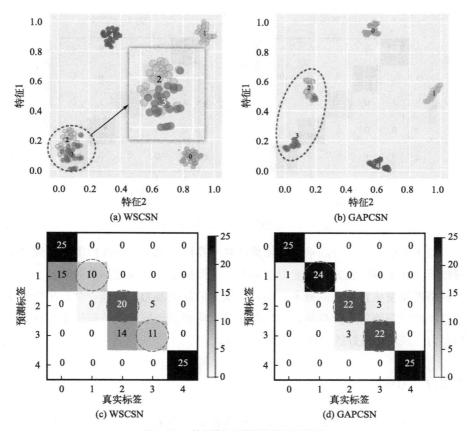

图4-26 数据集B下的测试结果可视化

如图4-27（a）和（b）所示，在数据集C中，经过GAPCSN与WSCSN提取的特征数据在二维空间上均表现出较好的分类效果。如图4-27（c）和（d）所示，对标签为2的25个测试样本，GAPCSN能识别出22个，WSCSN能识别出23个，说明了在训练样本稀缺条件下，GAPCSN与WSCSN均表现出较好的诊断性能。

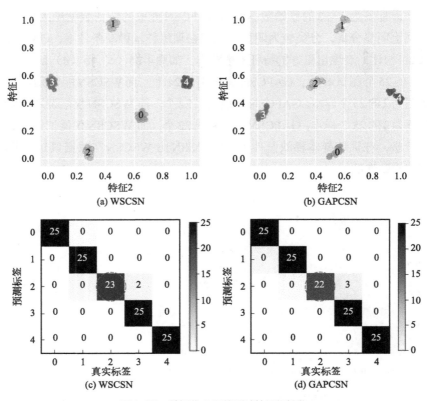

图4-27　数据集C下的测试结果可视化

综上分析可知，全局平均池化算法对于卷积孪生网络的性能提升起到了关键作用，其在满足良好降维能力的同时，又降低了网络模型的参数数量，避免了网络模型发生过拟合的概率，提升了模型的泛化能力。而基于全局平均池化的卷积孪生网络对于质量较差的监测数据也能够实现较好的特征提取和分类识别能力，表现出极好的鲁棒性与泛化能力。

4.2.7　小结

针对现有的故障诊断算法在训练样本稀缺条件下，对同一传感器从不同方向收集的监测数据表现出较差的鲁棒性与泛化能力这一问题，本研究将全局平均池化算法与卷积孪生网络进行结合，设计了基于全局平均池化的卷积孪生网络。仿真试验结果表明，GAPCSN相比于WDCNN、SVM、FSL、WSCSN算法，在传感器从三个方向收集的监测数据中，均能表现出更好的识别精度。仿真试验结果证明了GAPCSN具有良好的鲁棒性与泛化能力，弥补了现有故障诊断方法在鲁棒性与泛化能力上的不足。

4.3　基于训练干扰卷积孪生网络的故障诊断

在立式加工中心行星齿轮箱的工作过程中，由于工作环境以及工况变化频繁，导致传感器监测的数据中可能含有噪声数据，含有训练样本中没有出现过的新故障数据以及训练样本中没有出现过的新工况故障数据。因此，当测试数据中含有训练集中从未出现过的样本时，这对故障诊断算法的识别能力提出了新的挑战。因此，当测试数据含有噪声样本、新故障样本、新工况故障样本时，如何提高故障诊断算法的识别精度，也是算法能否应用于工程所需要解决的重要问题。为进一步提升故障诊断算法对含有噪声样本、新故障样本、新工况故障样本的诊断性能，对GAPCSN进一步进行优化。在故障诊断算法中，特征提取能力往往影响着算法对于新样本的识别能力，为了提高算法对新样本的特征提取能力，通常在训练过程中引入干扰。考虑到Dropout算法随机地将卷积层中的卷积核重置为零，能够模拟在卷积区域增加训练扰动，因此尝试将GAPCSN中特征提取部分的第一个卷积层与Dropout算法进行结合，设计了基于训练干扰的卷积孪生网络。

4.3.1　Dropout算法

在模型训练过程中，当训练样本比较稀缺时，深层网络模型往往会发生过拟合。过拟合通常指模型在训练中对训练样本表现出较好的识别能力，而训练好的模型在测试中对测试样本识别能力不佳。过拟合的发生，通常与算法在样本数据中学习到的特征有关。样本数据的特征通常分为局部特征与全局特征，其中局部特征指相同类型不同样本专有的特征，而全局特征指相同类型不同样本均有的特征。在训练阶段，算法通常无法区分局部特征与全局特征，因此当模型训练结束后，其通常在学习到全局特征外，还学习到部分局部特征。当学习到的局部特征比重较大时，导致模型发生过拟合，算法对同类新样本的识别能力变差。

为了避免过拟合的发生，Srivastava等于2014年提出一种正则化技术——"丢弃学习"(dropout learning) [6]。Dropout的核心思想是节点的丢弃，以一定的比例将神经网络中部分神经元的激活进行抑制，使得该神经元的激活数值为零，避免了多个神经元之间的相互适应，防止神经元之间的过度依赖，增强了特征的独立性。Dropout同样可以被看作是一种集成方法。由于神经网络的相关机制，当神经元被抑制时，激活数值都是以随机的方式进行归零。同时由于神经元的数量众多，也产生了各式各样的相关独立网络，这种独立网络相互组合极大地提升了网络自身的表达能力。

当神经元未采用 Dropout 时，其前向传播计算的数学模型见式（4-4）、式（4-5）：

$$z_i^{(l+1)} = w_i^{(l+1)} y^{(l)} + b_i^{(l+1)} \tag{4-4}$$

$$y_i^{(l+1)} = f\left(z_i^{(l+1)}\right) \tag{4-5}$$

当神经元采用 Dropout 后，前向传播计算的数学模型见式（4-6）～式（4-9）：

$$r_j^{(l)} \sim \mathrm{Bernoulli}\left(p\right) \tag{4-6}$$

$$\bar{y}^{(l)} = r^{(l)} y^{(l)} \tag{4-7}$$

$$z_i^{(l+1)} = w_i^{(l+1)} \bar{y}^{(l)} + b_i^{(l+1)} \tag{4-8}$$

$$y_i^{(l+1)} = f\left(z_i^{(l+1)}\right) \tag{4-9}$$

式中，y^l 为第 l 层神经元的输出；$w_i^{(l+1)}$、$b_i^{(l+1)}$ 为第 $l+1$ 层的权值与偏置；$z_i^{(l+1)}$ 为第 $l+1$ 层第 i 个输出神经元的 logits 值；$y^{(l+1)}$ 为第 $l+1$ 层神经元的输出；$r_j^{(l)}$ 为服从概率为 p 的伯努利二项分布；$r^{(l)}$ 为随机生成的 0、1 向量。

4.3.2   TICSN 故障诊断模型

Dropout 算法的基本思想是在模型的训练阶段从神经网络中随机删除隐藏层单元及其连接来减少网络参数。由于全连接层占整个卷积神经网络的参数比重最大，因此 Dropout 被主要应用于全连接层。当 Dropout 被应用于第一个卷积层时，其卷积核被随机重置，这可以看作是在卷积区域引入了噪声[7,8]。因此将 GAPCSN 特征提取部分的第一个卷积层与 Dropout 相结合，设计了基于训练干扰的卷积孪生网络（convolutional siamese networks with training interference, TICSN）。在使用第一层宽卷积核进行卷积前，利用 Dropout 算法对卷积核进行丢弃操作，这是 TICSN 模型的训练扰动，以便在训练期间向 TICSN 模型提供不完整的信号，从而提高 TICSN 在部分信号丢失时的诊断能力。基于 TICSN 的故障诊断模型如图 4-28 所示，该模型的输入为两个故障样本数据，在第一层由宽卷积核构成的卷积层中引入 Dropout 层对卷积核进行随机置零，用于模拟在训练过程中添加干扰，再应用该卷积层与池化层对输入的数据进行特征提取，通过全局平均池化输出特征向量，再应用欧式距离对特征向量进行度量学习，最后经过全连接层输出一个用于判断两个样本之间相似程度的概率值。

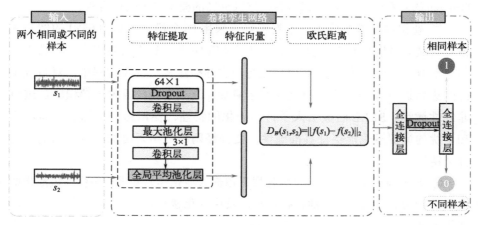

图4-28 TICSN故障诊断模型结构

4.3.3 参数设计

基于训练干扰的卷积孪生网络由特征提取和相似性度量两部分组成，该网络的具体参数如表4-8所示。

表4-8 TICSN的参数

编号	网络层	核大小	步长	核数目/个	零补
1	Dropout层	—	—	—	—
2	卷积层	64×1	16	16	是
3	最大池化层	2×1	2	16	否
4	卷积层	3×1	1	32	是
5	全局平均池化层	—	—	—	否
6	欧式距离度量	—	—	—	—
7	全连接层	—	—	100	—
8	Dropout层	—	—	—	—
9	全连接层	—	—	1	—

TICSN的特征提取部分采用两层卷积与池化、一个Dropout层构成的卷积神经网络结构，其参数设计过程如下所述。

① 在卷积神经网络的第一个卷积层之前，引入 Dropout 算法构建 Dropout 层，对第一个卷积层中的宽卷积核进行随机置零，为模型添加训练干扰。Dropout 的超参数设为 0.5，即对卷积核以 50% 的概率进行随机置零。

② 卷积神经网络的第一个卷积层，采用 16 个尺寸大小为 64×1 的宽卷积核对时域信号进行卷积运算；该卷积层采用 16 个步长作为卷积步长，卷积核每移动 16 个步长，就与时域信号进行一次卷积运算；卷积过程中，对输入矩阵的边缘进行零补操作；经过卷积运算后，采用 SELU 函数对卷积输出进行非线性激活。SELU 函数引入了自归一化的特性，使网络模型即使在有噪声和干扰的情况下也能保证其准确性，使神经网络的学习更加稳健，从而提高分类精度。

③ 卷积神经网络的第一个池化层采用最大池化作为降采样操作；该池化层由 16 个尺寸大小为 2×1 的池化核构成，其中池化核每移动 2 个步长就进行一次池化运算。

④ 卷积神经网络的第二个卷积层，由 32 个尺寸大小为 3×1 的卷积核构成；该卷积核每移动 1 个步长，就完成一次卷积运算；卷积过程中，对输入矩阵的边缘进行零补操作；经过卷积运算后，采用 SELU 激活函数对卷积输出进行非线性变换。

⑤ 卷积神经网络的第二个池化层采用全局平均池化作为降采样操作。

GAPCSN 的相似性度量部分采用欧式距离、两个全连接层和一个 Dropout 层来计算两个输入样本之间的相似度，其参数设计过程如下所述。

① 相似性度量部分的第一层采用欧氏距离对从两个样本中所提取的特征向量进行距离度量。

② 相似性度量部分的第二层采用 100 个神经元组成的全连接层将度量结果转换为向量；该全连接层作为隐含层，采用 ReLU 函数对输出进行非线性激活。

③ 在全连接层之后，采用一个 Dropout 层，对隐含层中的神经元进行随机置零，以减少模型的参数，降低过拟合发生的可能性。Dropout 的超参数设为 0.5，即对全连接层的神经元以 50% 的概率进行随机置零。

④ 相似性度量部分的最后一层采用 1 个神经元组成的全连接层来计算两个输入样本相似程度的概率值；该全连接层作为输出层，采用 Sigmoid 激活函数输出一个 0 ～ 1 范围内的概率值。

4.3.4　噪声条件下的 TICSN 仿真试验

由于立式加工中心行星齿轮箱的工作条件复杂多变，导致传感器监测的故障信号中往往掺杂着不同强度的噪声信号，而现有故障诊断模型往往对于含有噪声的样本数据识别精度低。因此对于TICSN模型，检验其在噪声环境下的诊断性能是非常有意义的。

信噪比（signal to noise ratio，SNR）通经常被用来衡量一个噪声信号的强度，其数学模型见式（4-10）：

$$SNR = 10\lg\left(\frac{P_s}{P_n}\right) \tag{4-10}$$

式中，SNR为信号功率与噪声功率的比值，dB；P_s为信号功率；P_n为噪声功率。

噪声添加过程如图4-29所示，当信噪比较小时，信号中所含噪声越强，含噪信号与噪声信号的特征个数、幅值大小较为接近；当信噪比较大时，信号中所含噪声越弱，含噪信号与原始信号的幅值大小以及波动周期较为接近。

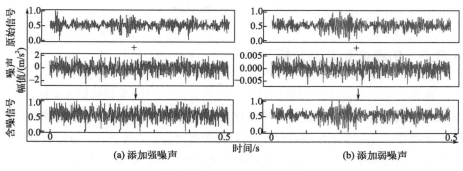

图4-29　噪声添加过程示意图

为了评估TICSN模型在噪声条件下的故障诊断性能，从上节数据集A的训练样本中随机选择60个样本作为训练集，对WSCSN模型进行训练。为了避免随机选择的训练样本造成偏差，对训练集进行5次训练样本随机选择，并利用每次随机选择的训练样本对TICSN模型进行5次训练。在训练过程中，采用Adam优化算法对TICSN模型进行参数更新，采用0.001作为Adam的学习率；同时引入Early-Stopping训练机制，若模型在训练中的识别精度没有进一步提升，则停止训练并保存最佳参数。

为了进一步验证TICSN模型的先进性，本节将基于全局平均池化的卷积孪生网络（GAPCSN），按照与TICSN模型相同的训练方式在60个训练样本下进行训练。

其仿真试验内容如图4-30所示。

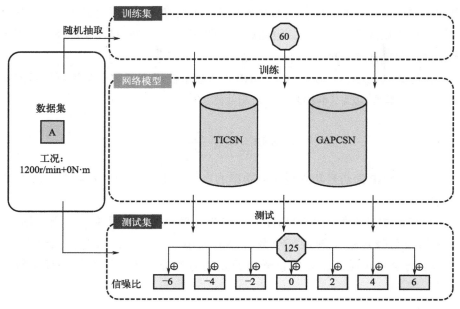

图4-30　仿真试验示意图

4.3.5　仿真试验结果分析

　　在含有不同强度噪声的测试集下，两种算法的测试准确率如图4-31所示，其横坐标表示含有不同强度噪声的测试集，纵坐标表示模型在每个测试集下的测试准确率。当信噪比为−6dB时，噪声的强度对数据影响最大，导致故障诊断模型的测试准确率最低，TICSN的测试准确率比GAPCSN提升了16.86%，说明了TICSN对于含有强噪声的监测数据具有更好的识别效果。随着信噪比增大，噪声的强度对数据影响逐渐减弱，GAPCSN与TICSN的测试准确率在逐步提升，同时二者之间的差距也在逐渐缩小。当信噪比为6dB时，TICSN的测试准确率与GAPCSN仅相差0.68%，说明了GAPCSN与TICSN对含有弱噪声的监测数据均表现出良好的识别能力。

　　在含有不同强度噪声的测试集下，两种算法测试准确率的标准差如图4-32所示，其横坐标表示含有不同强度噪声的测试集，纵坐标表示模型在每个测试集下测试准确率的标准差。当信噪比为−6dB时，TICSN的准确率标准差比GAPCSN低0.63，表现出更好的稳定性。随着信噪比增大，噪声的强度对数据影响逐渐减弱，GAPCSN的准确率标准差逐步降低。当信噪比为6dB时，TICSN的准确率标准差与GAPCSN仅相差0.26，说明了在含有弱噪声的监测数据中，GAPCSN与TICSN的稳定性比较接近。

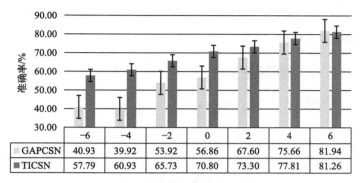

图4-31　不同信噪比下的测试准确率对比

	−6	−4	−2	0	2	4	6
GAPCSN	40.93	39.92	53.92	56.86	67.60	75.66	81.94
TICSN	57.79	60.93	65.73	70.80	73.30	77.81	81.26

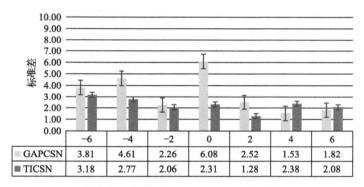

图4-32　不同信噪比下的测试标准差对比

	−6	−4	−2	0	2	4	6
GAPCSN	3.81	4.61	2.26	6.08	2.52	1.53	1.82
TICSN	3.18	2.77	2.06	2.31	1.28	2.38	2.08

综上可知，在仅有训练样本稀缺条件下，TICSN模型与GAPCSN相比，对含有强噪声的数据表现出更好的诊断性能和稳定性，这也说明了在卷积孪生网络的第一个卷积层添加训练干扰对模型性能的提升具有显著的效果。

4.3.6　新故障类型下的故障诊断仿真试验

为了评估TICSN模型在新故障类型下的故障诊断性能，从数据集A的训练样本中随机选择了2类故障数据、3类故障数据以及4类故障数据分别作为训练集对TICSN模型进行训练，每个训练集均由60个训练样本构成。为了避免随机选择的训练样本造成偏差，对训练集进行5次训练样本随机选择，并利用每次随机选择的训练样本对TICSN模型进行5次训练。在训练过程中，采用Adam优化算法对TICSN模型进行参数更新，采用0.001作为Adam的学习率；同时引入Early-Stopping训练机制，若模型在训练中的识别精度没有进一步提升，则停止训练并保存最佳参数。

为了进一步验证TICSN模型的先进性，将基于全局平均池化的卷积孪生网络（GAPCSN），按照与TICSN模型相同的训练方式在训练集下进行训练。其仿真试验内容如图4-33所示。

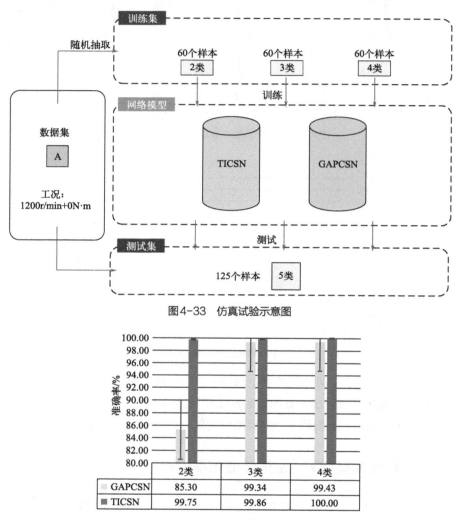

图4-33   仿真试验示意图

	2类	3类	4类
GAPCSN	85.30	99.34	99.43
TICSN	99.75	99.86	100.00

图4-34   测试准确率对比

在含有新故障类型的测试集下，两种算法的测试准确率如图4-34所示，其横坐标表示含有不同故障类型的训练集，纵坐标表示每个训练集所训练模型的测试准确率。当训练集中仅有2类故障数据时，TICSN模型的测试准确率达到99.75%，比GAPCSN提升了14.45个百分点；当训练集中仅有3类故障数据时，TICSN模型的测试准确率达到99.86%，比GAPCSN提升了0.52个百分点；当训练集中仅有4类故障数据时，TICSN模型的测试准确率达到100%，比GAPCSN提升了0.57个百分点；说明了TICSN模型比GAPCSN对新故障数据的识别上表现出更好的性能，尤其当测试样本中含有3类训练集中未出现过的新故障样本时，TICSN与GAPCSN的识别能力差距最大。

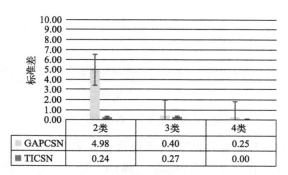

图4-35　测试标准差对比

在含有新故障类型的测试数据下，TICSN与GAPCSN模型测试准确率的标准差如图4-35所示，当训练集中仅有2类故障数据时，TICSN与GAPCSN在稳定性上表现出明显的差距，TICSN的准确率标准差仅为0.24，比GAPCSN低4.74。随着训练集中故障类型的增加，TICSN的稳定性也得到进一步提升，且始终优于GAPCSN。当训练集中仅有4类故障数据时，TICSN的准确率标准差降至0，其稳定性达到最佳。

综上分析，TICSN在训练样本稀缺条件下，就能实现对新故障类型的数据进行高精度诊断。尽管测试集中可能包含多种新故障类型的数据，TICSN模型依旧能对其进行准确识别，且保持稳定的识别性能。在试验中，TICSN始终比GAPCSN表现出更好的诊断能力与稳定性能，同时也说明了在训练过程中添加扰动，对于模型性能的提升起到了关键作用。

4.3.7　新工况下的故障诊断仿真试验

在机床运行过程中，行星齿轮箱的工作条件往往会随着生产要求而不断发生变化。例如在加工产品的过程中，机床大多数时间均在稳定的工况下运行，特殊情况时需要改变工况。当工况发生变化后，传感器监测的振动信号也会发生变化。当行星齿轮箱在变工况的过程中发生故障，传感器在不同工况下所收集的同类故障数据是不同的。例如太阳轮缺齿故障在工况1200r/min与1800r/min下的振动信号如图4-36所示，在不同工况条件下，振动信号的特征个数不相同，幅值大小也不一致，波动周期与相位差别也很大。以上情况会造成故障诊断模型对提取的特征无法进行正确归类，从而降低其识别准确率。当在新工况下发生故障时，卷积孪生网络往往不需要重新训练，可以直接对新工况下的故障进行诊断。因此，对于TICSN模型，评估其在新工况下的诊断性能也是非常重要的。

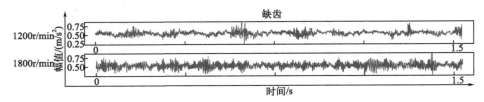

图4-36　不同工况下同一故障类型的时域图

为了评估TICSN模型在新工况下的故障诊断性能，从数据集A（工况1200r/min+0N·m）的训练样本中随机选择60个样本作为训练集，同样也从数据集D（工况1800r/min+7.32N·m）的训练样本中随机选择60个样本作为训练集，分别对TICSN模型进行训练。为了避免随机选择的训练样本造成偏差，对训练集进行5次训练样本随机选择，并利用每次随机选择的训练样本对TICSN模型进行5次训练。在训练过程中，采用Adam优化算法对TICSN模型进行参数更新，采用0.001作为Adam的学习率；同时引入Early-Stopping训练机制，若模型在训练中的识别精度没有进一步提升，则停止训练并保存最佳参数。

为了进一步验证TICSN模型的先进性，将基于全局平均池化的卷积孪生网络（GAPCSN）也用于新工况条件下的故障诊断，按照与TICSN模型相同的训练方式进行训练。其仿真试验内容如图4-37所示。

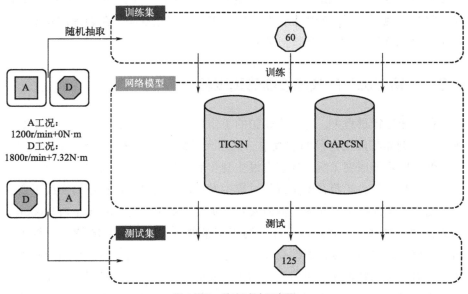

图4-37　仿真试验示意图

为了评估模型对新工况故障的诊断性能，将低转速数据训练的模型去诊断高转速中的故障数据，同样也利用高转速数据训练的模型去诊断低转速中的故障数据。于是将数据集D中的125个测试样本设为测试集，对由数据集A中60个样本所训练的模型进行测试；又将数据集A中的125个测试样本设为测试集，对由数据集D中60个样本所训练的模型进行测试。本节测试过程采用Five-shot Five-way策略，将测试集与一个包含5种故障类型、每类5个标签样本组成的支持集进行度量学习。在仿真试验中，对每次训练后的模型均进行测试，并取其测试平均值作为最终识别结果。

两种模型在新工况下的测试准确率如图4-38所示，数据集A中训练的TICSN模型，其测试准确率可达97.84%，比GAPCSN提升了7.76个百分点，表现出更好的识别能力；数据集D中训练的TICSN模型与GAPCSN相比，测试准确率仅相差0.16个百分点，识别能力相差不大；可以发现，数据集D下训练的模型比数据集A下训练的模型测试准确率要高，这在一定程度上说明了高转速工况下收集的数据中包含更多的故障特征信息，利用高转速工况下收集的数据去训练模型，能够极好地提升模型的识别能力。

两种模型在新工况下测试准确率的标准差如图4-39所示，数据集A下训练的TICSN模型，其准确率标准差为1.98，比GAPCSN模型低0.17；而数据集D下训练的TICSN模型，其准确率标准差为0.20，同样比GAPCSN模型低0.17；说明了TICSN模型与GAPCSN模型的稳定性能比较接近，利用高转速工况下收集的数据去训练模型，能极好地提升模型的稳定性。

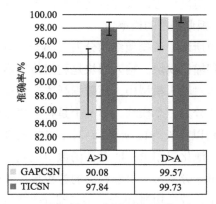

图4-38　测试准确率对比

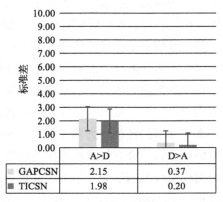

图4-39　测试标准差对比

综上分析，TICSN在仅有训练样本稀缺条件下，能够实现对新工况下的故障进行识别。利用低转速工况数据训练的TICSN比GAPCSN表现出更高的识别精度。当训练样本来源于高速工况时，经过训练的TICSN模型识别能力与稳定性达到最佳。

4.3.8　小结

将Dropout算法与卷积孪生网络进行结合，设计了基于训练干扰的卷积孪生网络，利用工况为1200r/min、1800r/min的监测数据，对TICSN在含有噪声的样本、新故障样本、新工况故障样本进行了故障诊断仿真试验验证。仿真试验结果表明，在训练样本稀缺条件下，TICSN相比于GAPCSN算法，无论是对含有噪声的样本、新故障样本、新工况故障样本均能表现出较好的识别精度与稳定性。仿真试验结果证明TICSN的可行性，在训练中引入干扰能够有效地提高模型对新样本的诊断性能。

4.4　基于小样本的多尺度核孪生神经网络的故障诊断

4.4.1　多尺度核孪生神经网络模型

多尺度核孪生神经网络的故障诊断方法MT-CNN（multi-scale twin convolution neural networks）利用孪生网络的思想，使用多尺度核对两个输入的样本数据进行特征提取并共享权值，再使用度量方法去度量两个特征向量的相似性，最后利用前连接层判断样本对之间相似程度的概率值。

多尺度核孪生神经网络结构如图4-40所示。该模型结构分为三部分，包括输入模块、多尺度核孪生神经网络模块和输出模块。输入模块是利用传感器收集并整理的数据样本对，然后将数据样本对输入模型中，而数据样本对都是一维振动信号。多尺度核孪生神经网络模块分为三个模块，第一个是特征提取模块，多尺度核的结构分为四个分支，分别以步长 $s=1$、$s=2$、$s=3$、$s=4$ 的尺度去提取特征，每一分支组成都是由卷积层、池化层和 ReLU 激活函数层组成。整个结构模型分为两部分，第一部分包括每一分支第一层卷积层的卷积核尺寸分别设置为 1024×1、512×1、256×1、128×1，数量均为16个，第二部分包括每一分支每一层卷积层的卷积核尺寸均设置为 3×1，数量分别为32个、64个、64个、64个，池化层的尺寸均设置为2×1，数量分别为32个、64个、64个、64个。每个卷积层后分别连接池化层、BN层和 ReLU 激活函数层。两个多尺度核卷积神经网络对故障特征提取完成之后进行权值共享（包括权值 w 和偏置 b）；第二个

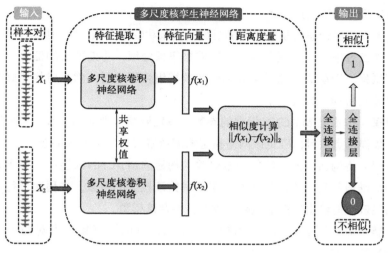

图4-40 多尺度核孪生神经网络结构

是特征向量模块，两个多尺度核卷积神经网络模型完成权值共享后获得特征向量；第三个是距离度量模块，利用距离度量方法对两个数据样本转化成的两个特征向量进行度量计算。输出模块是两层全连接层，第一层全连接层是由100个神经元组成，该全连接层采用ReLU激活函数层；第二层全连接层是由1个神经元组成，该全连接层采用 Sigmoid 激活函数输出一个0～1范围内的概率值。MT-CNN 模型的故障诊断流程如图 4-41 所示。

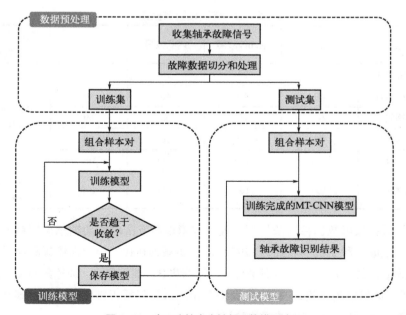

图4-41 多尺度核孪生神经网络模型流程

具体步骤如下所述。

步骤1:使用传感器采集风电机组齿轮箱滚动轴承的工作时的振动信号。

步骤2:对采集上的振动信号进行数据集预处理，将处理后的信号分为训练集和测试集，训练集和测试集分别构造数据组合样本对，然后将构造好的数据样本对输入MT-CNN模型中。

步骤3:初始化 MT-CNN模型的参数。设定网络模型初始参数，根据训练集和测试集样本点数目，确定该网络模型的度量方式、学习率等参数。

步骤4:将构造好的训练集样本对输入构建的MT-CNN模型中，如果该模型输出的准确值不是趋于收敛状态，重新调整该模型的参数，并再次进行模型训练；如果该模型输出的准确值趋于收敛，保存该模型。

步骤5:保存训练好MT-CNN模型，把构造好的测试集样本对输入训练好MT-CNN模型中。

步骤6:最后输入全连接层中Sigmoid 激活函数中，得到输入数据样本对的概率，根据概率值判断输入数据是否相似。

4.4.2　仿真试验

所使用的数据来源于美国凯斯西储大学数据集，具体数据集划分如表 4-9 所示。

表4-9　仿真试验数据集

数据集	正常状态	滚动体故障	内圈故障	外圈故障	工况(转速、负载)
训练集A	20	20	20	20	
训练集B	40	40	40	40	
训练集C	60	60	60	60	1797r/min 0HP
训练集D	80	80	80	80	
训练集E	100	100	100	100	
测试集a	100	100	100	100	1797r/min 0HP

针对在故障数据稀缺条件下，现有故障诊断方法对滚动轴承识别精度低的问题，选取一种工况（转速为1797r/min，负载为0HP）作为训练集和测试集的工作数据，其中训练集包括训练集A、训练集B、训练集C、训练集D和训练集E，测试集包括测试集a。所有的训练集和测试集包括正常状态标签、滚动体故障标签、内圈故障标签和外圈故障标签。

训练集样本和测试集样本的数据预处理如图4-42所示。训练集样本和测试集样本通过把一维振动信号利用滑动窗口（无重叠采样）进行切片，每一个切片进行快速傅里叶变换（FFT），然后把原始的切片和进行快速傅里叶变换的切片进行样本组合，这样的样本组合能够获得更多特征。

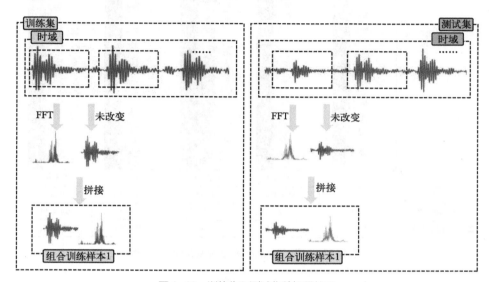

图4-42 训练集和测试集数据预处理

在MT-CNN模型的训练过程中，分别将数据集A、数据集B、数据集C、数据集D和数据集E在不同的度量距离方式中进行训练，其中度量距离方式包括欧式距离、曼哈顿距离和余弦相似性距离，结果如图4-43所示。欧式距离分别与曼哈顿距离和余弦相似性距离进行比较，欧式距离的准确率是最高的。因此，MT-CNN模型选用欧式距离作为该模型的度量距离方法。

在训练MT-CNN模型的过程中，通过多次改变Batchsize样本处理数中，发现Batchsize=64的准确率是最高的，故MT-CNN模型选用Batchsize=64。MT-CNN模型选用Kingma等在论文推荐学习率的参数为0.001。

为了验证MT-CNN模型在数据样本稀缺条件下的故障诊断识别性能，评估和分析样本数量对模型性能的影响，如图4-44所示。因此设计了五种数据集，每种数据集的数据样本数量不同，样本数量分别为20个、40个、60个、80个和100个；而测试集的样本数量为100个。

4.4.3 试验结果

把数据集A、数据集B、数据集C、数据集D和数据集E分别输入MT-CNN

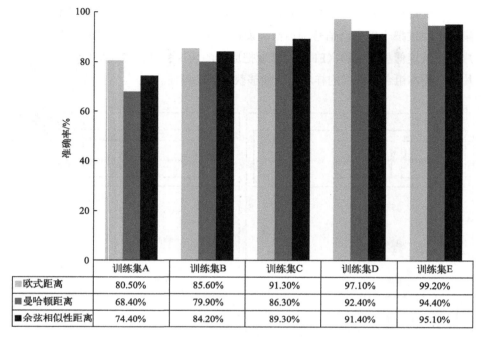

	训练集A	训练集B	训练集C	训练集D	训练集E
欧式距离	80.50%	85.60%	91.30%	97.10%	99.20%
曼哈顿距离	68.40%	79.90%	86.30%	92.40%	94.40%
余弦相似性距离	74.40%	84.20%	89.30%	91.40%	95.10%

图4-43 MT-CNN 模型的三种度量方法准确率

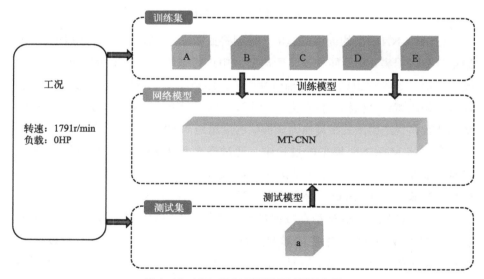

图4-44 MT-CNN 模型仿真试验示意图

模型中，其模型训练结果如图4-45所示。黑色曲线代表 MT-CNN 模型在训练集上的准确率，灰色曲线代表训练好的MT-CNN 模型在测试集上的准确率。从图4-45中可以看出，不同的训练数据集输入MT-CNN模型中，其模型训练集准确率平均是99%，具体从图4-45（a）～图4-45（c）中可以表明MT-CNN模型在小样本情况下有很强的获取训练数据信息的能力。但是训练好的MT-CNN模型在测试集上的故障诊断效果不一样，表明该模型受样本数量的影响。在图4-45（a）中，数据集A中的每类故障有20个训练样本，MT-CNN的测试集准确率大约为80.5%，该模型发生了过拟合现象；在图4-45（b）中，数据集B中的每类故障有40个训练样本，MT-CNN的测试集准确率大约为85.6%，该模型的准确率提高，所产生的过拟合现象也有了明显改善；在图4-45（c）中，数据集C中的每类故障有60个训练样本，MT-CNN的测试集准确率大约为91.3%，该模型的准确率再次提高，所产生的过拟合现象也有了极大改善；在图4-45（d）中，数据集D中的每类故障有80个训练样本，MT-CNN的测试集准确率大约为97.1%，该模型对滚动轴承具备故障识别的能力，过拟合现象也得到了解决；在图4-45（e）中，数据集E中的每类故障有100个训练样本，MT-CNN的测试集准确率大约为99.2%，该模型对滚动轴承故障有着很高的准确识别率。通过对比图4-45（a）～图4-45（e），当数据样本不足时，MT-CNN模型训练过程波动较大；当训练数据样本逐渐增多时，MT-CNN模型在测试集上准确率不断提高。其中当训练样本数量从20个增加到40个时，准确率从80.5%增加到了85.6%；当训练样本数量从40个增加到60个时，准确率从85.6%增加到了91.3%。因此结果分析表明MT-CNN模型明显降低了依靠大量数据去训练模型的依赖性，有效地解决了在数据样本稀缺的情况下对滚动轴承诊断识别效果差的问题，同时有效缓解了模型在数据样本稀缺情况下的过拟合问题。

4.4.4 模型对比试验分析

为了验证方法的有效性，将其与1DCNN、MAS-ProNet和C-DCGAN三种模型进行对比[9]。其中：

① 一维卷积神经网络（1DCNN）模型利用四个卷积层、两个最大池化层和一个平均池化层提取信息特征，一个全连接层实现故障分类。

② 混合自注意力原型网络（MAS-ProNet）模型是由3个卷积层、3个最大池化层和一个混合自注意力模块组成，其中混合自注意力模块是由通道自注意力模块和位置自注意力模块组成。

③ 条件深度卷积对抗生成网络（C-DCGAN）模型是由约束条件、生成器、判别器等组成，约束条件是利用目标函数对已采集的数据样本进行降噪，生成器是由5个转置卷积层组成，判别器是利用定义好的五层卷积层提取特征，并在每一层卷积层之间添加一个残差块结构。最后以0和1作为真假判断值，输出

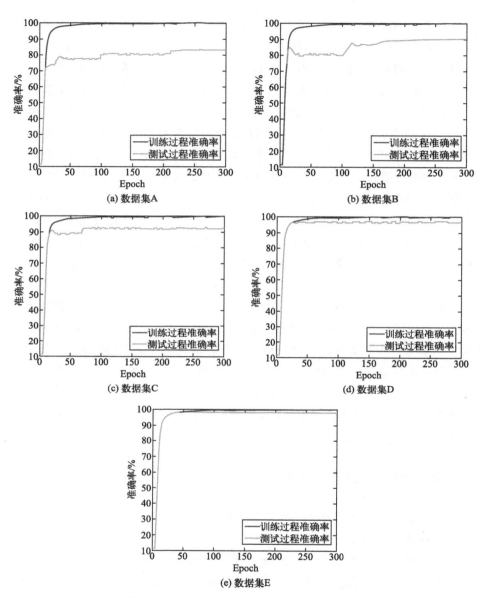

图4-45　不同数据集下的训练和测试过程准确率

生成样本的判别结果。

所有仿真均采用相同的数据处理方式，对比仿真结果如图4-46所示。

从图4-46的仿真结果可以得出1DCNN模型、MAS-ProNet模型、C-DCGAN模型和MT-CNN模型在四种数据集上故障诊断准确率，可以看到，在训练样本最稀少的数据集A中，1DCNN的准确率最低且只有77.3%，而MT-CNN模型的准确率高达80.5%，且比其他的三个方法准确率高。当每个数据集样本数量递

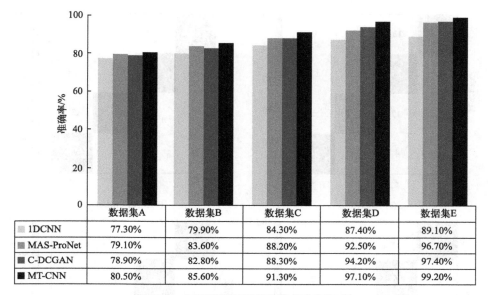

	数据集A	数据集B	数据集C	数据集D	数据集E
1DCNN	77.30%	79.90%	84.30%	87.40%	89.10%
MAS-ProNet	79.10%	83.60%	88.20%	92.50%	96.70%
C-DCGAN	78.90%	82.80%	88.30%	94.20%	97.40%
MT-CNN	80.50%	85.60%	91.30%	97.10%	99.20%

图4-46　不同模型在不同数据集的准确率对比

增20个，四个模型的故障诊断准确率也都呈现递增的趋势，以数据集D为例，1DCNN模型、MAS-ProNet模型、C-DCGAN模型和MT-CNN模型的准确率分别达到87.4%、92.5%、94.2%和97.1%，虽然四个方法的准确率都是呈现上涨趋势，但是MT-CNN模型比其他的模型分别高出9.7个百分点、4.6个百分点和2.9个百分点，表现出MT-CNN模型良好的诊断效果。

为了进一步验证本方法的故障分类的有效性，利用t-分布邻域嵌入（t-SNE）算法对MT-CNN模型进行验证，首先用数据集的训练集A在MT-CNN模型上进行训练，然后用数据集的测试集a在模型上测试。通过图4-47（a）训练集A在训练前（t-SNE）可视化和图4-47（b）测试集a在测试后（t-SNE）可视化的对比结果来看，表明MT-CNN模型具有良好的故障诊断能力和较高的诊断精度，且具备较好的泛化能力。

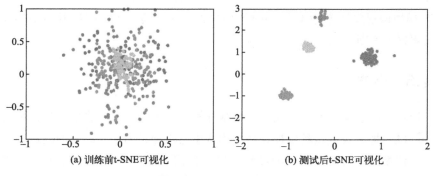

图4-47　t-SNE 可视化

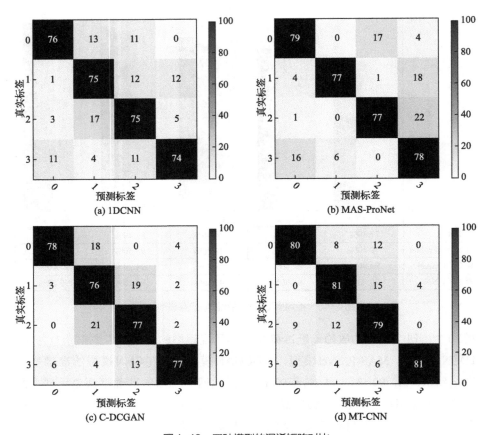

图4-48　四种模型的混淆矩阵对比

利用混淆矩阵对的识别准确率进行可视化，如图4-48所示，图4-48（a）~图4-48（d）中所有的横坐标表示的是测试集样本的预测标签，所有的纵坐标表示的是测试集样本的真实标签。从图4-48中可以看出，对应标签0的100个测试样本，1DCNN模型能识别出76个，准确率为76%，MAS-ProNet模型能识别出79个，准确率为79%，C-DCGAN模型能识别出78个，准确率为78%，而MT-CNN模型识别数量达到80个，准确率为80%。这说明了MT-CNN比其他模型表现出更好的诊断性能。

4.4.5　小结

针对现有故障诊断方法在故障数据样本不足条件下对健康状态识别精度低这一问题，把多尺度核卷积神经网络和孪生卷积神经网络相结合而改进的一种模型。仿真试验结果表明，MT-CNN模型相比于1DCNN模型、混合自注意力原型网络（MAS-ProNet）、条件深度卷积对抗生成网络（C-DCGAN），表现出在故障数据不足条件下有较好的特征提取能力和故障识别能力。尤其是该模型利用两个多尺度核之间的权值共享在一定程度上呈现互补作用，这大大提升模型的鲁棒性和准确性。

参考文献

[1] Wei Z, Peng G, Li C, et al. A new deep learning model for fault diagnosis with good anti-noise and domain adaptation ability on raw vibration signals[J]. Sensors, 2017, 17(3): 425.

[2] Shao S, Stephen M A, Yan R, et al. Highly accurate machine fault diagnosis using deep transfer learning[J]. IEEE Transactions on Industrial Informatics, 2018, 15(4): 2446-2455.

[3] Kingma D P, Ba J. Adam: a method for stochastic optimization[J]. arXiv preprint arXiv:1412.6980, 2014.

[4] Zhang A, Li S, Cui Y, et al. Limited data rolling bearing fault diagnosis with few-shot learning[J]. IEEE Access, 2019, 7: 110895-110904.

[5] Van Der Maaten L, Hinton G. Visualizing data using t-SNE[J]. Journal of Machine Learning Research, 2008, 9: 2579-2605.

[6] Srivastava N, Hinton G, Krizhevsky A, et al. Dropout: a simple way to prevent neural networks from overfitting[J]. Journal of Machine Learning Research, 2014, 15(1): 1929-1958.

[7] Wei Z, Li C, Peng G, et al. A deep convolutional neural network with new training methods for bearing fault diagnosis under noisy environment and different working load[J]. Mechanical Systems & Signal Processing, 2017, 100(FEB.1): 439-453.

[8] 董绍江, 裴雪武, 吴文亮, 等. 改进抗干扰CNN的变负载滚动轴承损伤程度识别[J]. 振动、测试与诊断, 2021, 41(04): 715-722+831.

[9] Feng Y X, Gong X, Xu Y Y, et al. Lithology recognition based on fresh rock images and twins convolution neural network[J]. Geography and Geo-Information Science, 2019, 35(5): 89-94.

第5章

深度学习在寿命预测中的应用研究

5.1 CNNLSTM模型的剩余寿命预测

5.1.1 CNNLSTM模型结构

剩余寿命 (remaining useful life, RUL) 一直是RUL预测和健康管理领域的一个关键问题，本节设计了卷积神经网络 (convolutional neural networks, CNN) 和长短时记忆神经网络 (long short term memory network, LSTM) 相结合的RUL预测模型。

CNNLSTM的混合模型，其具体的结构模型如图5-1所示。首先，采取的原始振动信号作为网络模型的输入，由于原始波形中含有丰富的退化特征信息，先采用CNN网络对输入信号进行空间特征提取，并实现特征降维。然后通过平面层对所提取的特征进行铺平链接；随后，使用LSTM网络对所提取的空间特征进行轴承退化趋势的获取，即利用时间序列编码学习对隐藏在数据中的时序关联特征进行逐层挖掘，获取隐藏在数据中的时序相关性。最后采取全连接层实现退化特征到RUL的直接映射。该方法充分利用原始数据中的退化特征，且避免了人工提取特征的步骤，大大节约了人力成本，实现高效率的RUL预测，更好地指导后续维修策略的制定。

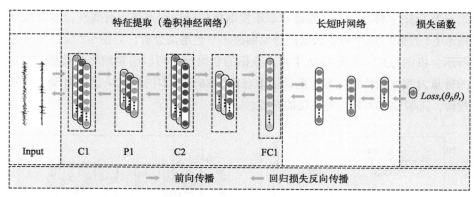

图5-1　CNNLSTM网络结构图

5.1.2　初始退化点确定

选择陆地风力发电机高速轴轴承具有相同特征的数据集[1]，其工况与数据编号见表5-1。

表5-1　数据介绍

	工况一	工况二	工况三
负载/N	4000	4200	5000
转速/（r/min）	1800	1650	1500
轴承集	轴承1-1	轴承2-1	轴承3-1
	轴承1-2	轴承2-2	轴承3-2
	轴承1-3	轴承2-3	轴承3-3
	轴承1-4	轴承2-4	—
	轴承1-5	轴承2-5	—
	轴承1-6	轴承2-6	—
	轴承1-7	轴承2-7	—

数据的采样频率为25.6kHz，每个样本包含2560个数据点。为了对轴承的正常阶段与退化阶段进行划分，避免正常阶段数据对轴承RUL预测精度带来影响。采取RRMS指标组合阈值法进行轴承退化阶段划分。为了可视化本文所提退化阶段划分方法的有效性，以轴承1-1为例，提取轴承1-1的原始RMS、滑动处理后的RMS以及RRMS指标，如图5-2（a）所示。可以看出所采用的RRMS指标相对于原始RMS指标波动更小，避免了噪声对其退化阶段的影响；相比于滑动后RMS指标，RRMS指标将正常阶段的RMS指标基准进行了统一，为后续设置统一的退化阈值提供了便利。此外，通过图5-2（a）可知，退化阶段开

始点为1436个样本。为了验证本章所提退化阶段识别方法的有效性，本章选择
轴承1-1的第1436个样本数据进行原始波形与包络谱分析，如图5-2（c）与（d）
所示。由图可知，在第1436个样本数据的包络谱中可以清楚地看到接近168Hz
的轴承内圈故障特征频率，因此轴承在第1436个样本的数据中已经出现了内圈
故障，即验证了本章所提方法的有效性。

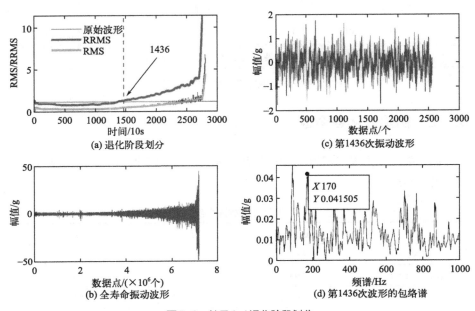

图5-2　轴承1-1退化阶段划分

采取工况一、工况二、工况三下的所有轴承进行了试验，轴承退化数据描
述见表5-2。

表5-2　轴承阶段划分情况

项目	正常阶段采集次数/次	退化阶段采集次数/次	总采样数/次
轴承1-1	1436	1367	2803
轴承1-2	829	42	871
轴承1-3	1403	972	2375
轴承1-4	1045	384	1429
轴承1-5	2441	22	2463
轴承1-6	1646	802	2448
轴承1-7	2148	111	2259
轴承2-1	140	772	912
轴承2-2	194	604	798
轴承2-3	229	1727	1956
轴承2-4	702	50	752

项目	正常阶段采集次数/次	退化阶段采集次数/次	总采样数/次
轴承2-5	55	2257	2312
轴承2-6	55	647	702
轴承2-7	178	53	231
轴承3-1	448	68	516
轴承3-2	55	1583	1638
轴承3-3	282	153	435

5.1.3 参数设计

学习率作为指导网络损失函数梯度优化下降步长的超参数，对网络的收敛与预测精度起着重要的作用。学习率过低，会使损失函数变化速度过慢，收敛速度变慢，增大陷入局部最优的风险；学习率过高，会使损失函数的变化速度过大，权值更新动作变大，不能准确达到最优点。因此，学习率是训练一个高精度网络非常关键的一个超参数。本章以轴承1-1为训练集，轴承1-3为测试集为例，对网络学习率的选取进行试验，并以MAE、RMSE为评价指标。依据经验，设置学习率的取值范围为[0.0001、0.0005、0.001、0.005、0.01、0.05]，所得预测效果如表5-3和图5-3所示。

表5-3 不同学习率误差对比

学习率	0.0001	0.0005	0.001	0.005	0.01	0.05
MAE	0.0783	0.0675	0.0655	0.0657	0.2496	0.2637
RMSE	0.0990	0.0886	0.0873	0.0877	0.2893	0.3114

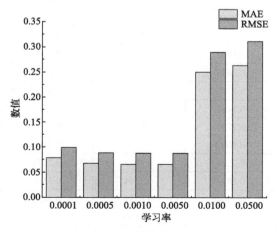

图5-3 不同学习率误差对比

由表5-3与图5-3可知，本章网络模型在学习率取0.001时，预测评价指标取到最优值，选取学习率为0.001，通过多次实验，批大小选取64，迭代次数为20，损失函数选取均方根值，优化器选取Adam优化器。网络结构采取两层卷积池化层来进行特征的初提取，得到轴承退化的空间特征，卷积核大小为3。然后，采用2层LSTM网络结构，单元个数为1000，作为时间序列特征提取层。最后，采用一层全连接层进行特征到RUL的映射层，从而实现轴承的RUL预测。

5.1.4　仿真试验

对高速轴轴承进行如下划分，划分为3项任务，并充分利用数据集全部轴承，具体仿真训练集和测试集划分情况见表5-4。

表5-4　任务划分

任务	训练集	测试集
任务一	轴承1-1	其余工况一下轴承
任务二	轴承2-1	其余工况二下轴承
任务三	轴承3-1	其余工况三下轴承

为了评价轴承RUL预测的性能，选择平均绝对误差（mean absolute error，MAE）、均方根误差（root mean squared error，RMSE）、平均绝对百分误差（mean absolute percentage error，MAPE）和拟合优度R2作为评价指标。整体预测效果见表5-5。

表5-5　轴承剩余寿命预测效果

轴承名称	MAE	RMSE	MAPE	R2
轴承1-2	0.2079	0.2785	0.2219	0.9966
轴承1-3	0.0655	0.0873	0.0492	0.9985
轴承1-4	0.2024	0.2271	0.2412	0.9855
轴承1-5	0.1902	0.2368	0.2690	0.9842
轴承1-6	0.2628	0.2387	0.2629	0.9888
轴承1-7	0.1775	0.2126	0.3133	0.9926
轴承2-2	0.1402	0.1991	0.2378	0.9698
轴承2-3	0.2797	0.2296	0.2415	0.9820
轴承2-4	0.2660	0.2335	0.2498	0.9822
轴承2-5	0.2528	0.3176	0.2175	0.9890
轴承2-6	0.2891	0.3284	0.3866	0.9904
轴承2-7	0.2004	0.2451	0.3439	0.9956
轴承3-2	0.2723	0.3193	0.1592	0.9915
轴承3-3	0.1419	0.1665	0.3389	0.9915

其中MAE的范围为$[0,+\infty)$，当预测值与真实值完全吻合时等于0，即完美模型；误差越大，该值越大。RMSE的范围为$[0,+\infty)$，当预测值与真实值完全吻合时等于0，即完美模型；误差越大，该值越大。MAPE的范围为$[0,+\infty)$，当预测值与真实值完全吻合时等于0，即完美模型；误差越大，该值越大。R2的取值范围为$[0,1]$，如果结果是0，说明模型拟合效果很差；如果结果是1，说明模型无错误。综上所述，MAE、RMSE和MAPE的值越接近0，R2指标越接近1，模型预测效果越好，反之MAE、RMSE、MAPE的值越大，R2指标越接近0，模型预测效果越差。从表5-5可以看出，MAE值均小于0.28，RMSE值均小于0.33，MAPE值均小于0.39，R2均大于0.96。在多项评价指标下，利用本方法均取得了可接受的预测效果。

5.1.5　对比试验

为了验证所设计方法的优良性，以CNN、LSTM网络为对比模型，网络训练与测试各参数保持一致，RMSE为评价指标，预测效果如表5-6和图5-4所示。

表5-6　不同模型的RMSE

网络模型	轴承1-2	轴承1-3	轴承1-4	轴承1-5	轴承1-6	轴承1-7
CNN	0.2827	0.0999	0.2628	0.2505	0.3471	0.2296
LSTM	0.2301	0.1796	0.2359	0.2586	0.2664	0.3550
本文方法	0.2785	0.0873	0.2271	0.2368	0.2387	0.2126

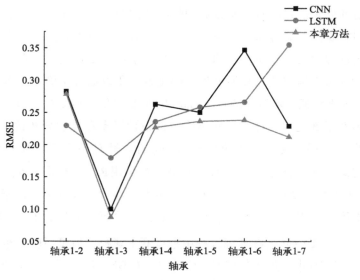

图5-4　不同模型的RMSE对比

由表5-6和图5-4可知，本方法预测效果明显优于CNN与LSTM模型。本文方法充分融合空间特征与时序特征，得到含有最多退化信息的特征，从而提高了预测精度。

5.1.6　小结

针对轴承RUL预测精度差、不能同时提取空间特征与时间特征的问题，设计了一种基于CNNLSTM的轴承RUL预测方法。该方法首先采用RRMS进行退化开始点的识别，丢弃无故障的数据，提高了网络的训练速度；然后提出一种CNN组合LSTM的网络模型框架，不仅可以实现空间特征提取，也可以挖掘振动信号中的时间序列特征；对风力发电机高速轴轴承进行寿命预测表现出较好的效果，显著提高了轴承RUL预测精度。

5.2　基于贝叶斯神经网络的高速轴轴承剩余寿命预测

5.2.1　贝叶斯长短时记忆神经网络模型构建

贝叶斯模型中的不确定性主要为偶然不确定性和认知不确定性两类[2]。偶然不确定性度量的是在机械设备数据集收集的时候不可排除的会收集到数据集中的固有噪声，如传感器噪声和运动噪声等。偶然不确定性因为度量的是数据收集过程中由于噪声产生的不确定性，所以无法通过增加数据集的规模来降低。认知不确定性也称为模型不确定性，所以这种不确定性可以通过增加数据规模来降低。所设计的BayesianLSTM模型的不确定性为包括认知不确定性和偶然不确定性。针对认知不确定性设计了参数先验分布的两层LSTM及一层全连接层，现假定权值服从 $\omega \sim p(\omega)$。针对不确定性会受到不同参数先验的影响这一问题，本章所有网络层均采用ReLU激活函数，这是因为ReLU的非线性映射对先验分布不敏感，并将先验分布设为标准正态分布。针对偶然不确定性设计了在网络输出位置加入一个标准正态分布 $\varepsilon \sim N(0, \sigma_n^2)$。搭建好的BayesLSTM会在训练过程中进行概率建模，但是后验分布一般都难以计算，采用VI进行后验分布的近似计算。在BNN架构下对以上两种不确定性进行建模，如图5-5所示。

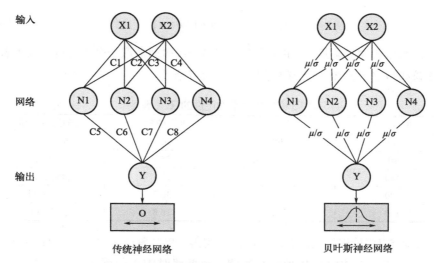

图5-5　传统神经网络与贝叶斯神经网络对比示意图

偶然不确定性的建模为，在BNN模型的输出 $f^{\omega}(x)$ 上放置一个概率分布[3]，使用的分布为高斯分布：

$$f_{\text{out}} \sim N\left(f^{\omega}(x), \sigma_n^2\right) \qquad (5\text{-}1)$$

式中，σ_n^2 为方差。

认知不确定性的建模为，对BNN模型的参数进行概率建模，参数的先验分布为：

$$p(\omega) \sim N\left(\mu, \sigma^2\right) \qquad (5\text{-}2)$$

式中，ω 为模型参数。

在训练过程中，后验分布根据先验知识以及训练样本不断进行更新，并采用VI进行近似分布的求解，训练完成后模型中的参数 ω 也是概率分布的形式。对于新的测试集样本 x^*，网络预测的分布表示为：

$$p\left(y^* \mid x^*\right) = E_{p(\omega \mid D)}\left[p\left(y^* \mid x^*, \omega\right)\right] \qquad (5\text{-}3)$$

5.2.2　不确定性量化的剩余寿命预测

模型输出是一个高斯分布，对输出的分布求取均值 μ 和标准差 σ，用 μ 作为模型的RUL预测值，σ 用于构造置信区间，则可以得到对于RUL值的区间预测，95%置信区间计算公式为：

$$[\mu-1.96\times\sigma, \mu+1.96\times\sigma] \qquad (5\text{-}4)$$

从测试集中的轴承1-3生命周期中每隔一段时间截取一个点进行RUL预测，那么该模型输出的RUL值与置信区间如表5-7所示。

表5-7   具有不确定性的RUL预测

时间/10	实际值	RUL值预测	95%置信区间
40	98	96.4	[81.6,111.2]
90	78	75.9	[61.7,90.1]
140	58	59.1	[45.5,72.7]
190	38	36.2	[23.3,49.1]
240	18	16.8	[3.5,30.1]

从表5-7中能够得知，实际的RUL值均落于95%置信区间之内，BayesLSTM区间预测不仅能够对RUL值进行预测，还能够对RUL值落在哪个区间进行预测，这就极大地减少了在对RUL值进行预测的偶然性。利用本章方法预测的不确定性量化如图5-6所示。

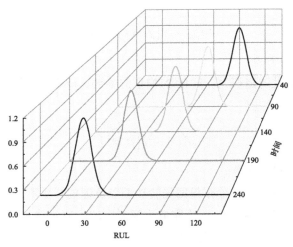

图5-6   不确定量化预测

图中显示离散程度较低，具备较高的预测精度

5.2.3   对比试验

为了进一步验证本方法的优良性，以LSTM网络作为对比模型，LSTM网络的训练与测试过程中，确保各参数与本章方法保持一致，RMSE为评价指标，预测效果如表5-8和图5-7所示。

表5-8　不同方法预测误差

轴承	BayesLSTM	LSTM	轴承	BayesLSTM	LSTM
轴承1-2	0.2992	0.2301	轴承2-3	0.3127	0.3261
轴承1-3	0.0984	0.1796	轴承2-4	0.2901	0.2781
轴承1-4	0.2371	0.2359	轴承2-5	0.1426	0.2713
轴承1-5	0.2462	0.2586	轴承2-6	0.2905	0.2911
轴承1-6	0.2669	0.2664	轴承2-7	0.2217	0.2248
轴承1-7	0.3621	0.3550	轴承3-2	0.2653	0.2841
轴承2-2	0.1843	0.2041	轴承3-3	0.1350	0.1517

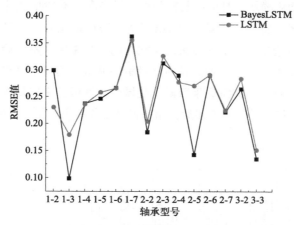

图5-7　不同模型RMSE对比

由表5-8和图5-7可以看出，BayesLSTM神经网络较LSTM神经网络在RMSE值上大多都有所降低，说明BayesLSTM神经网络在高速轴轴承RUL预测方面较LSTM神经网络的准确度有所提升。BayesLSTM神经网络训练过程中轴承1-3的损失函数如图5-8所示，从图中可以看出，经过80个epochs后，训练误差几乎收敛到0，且在之后一直保持稳定。

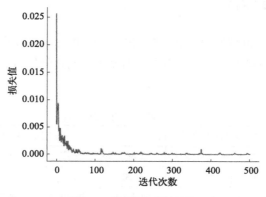

图5-8　轴承1-3训练损失

5.3 基于迁移学习的跨域高速轴轴承剩余寿命预测

5.3.1 迁移学习模型构建

迁移网络模型如图5-9（见文后彩图）所示。主要由两模块组成：回归预测模块和领域自适应模块。其中回归预测模块是采取一维CNN为主体来提取原始波形中的退化趋势特征，并采取LSTM网络来进行RUL预测。领域自适应模块主要采用了度量策略与对抗迁移策略相结合的方式来解决不同设备、不同工况下轴承数据分布不一致的问题。其中度量策略通过数据概率分布差异度量来实现领域自适应，对抗迁移策略采取最大化域分类器误差来实现领域自适应。领域自适应模块连接在特征提取器后，用来辅助迁移卷积模型学习域不变特征。

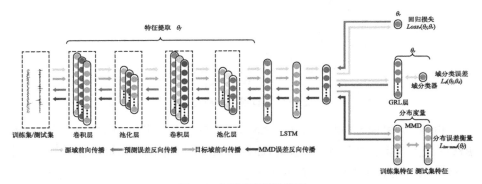

图5-9 迁移网络结构模型

5.3.2 数据集分析

陆地风力发电机高速轴轴承选择数据集[1]，海上风力发电机高速轴轴承选择数据集[4]，陆地风力发电机与海上风力发电机高速轴轴承的数据具体信息描述见表5-9。

表5-9 轴承数据工况简介

数据集简介	陆地风力发电机高速轴轴承			海上风力发电机高速轴轴承		
	工况1	工况2	工况3	工况1	工况2	工况3
转速	1800	1650	1500	2100	2250	2400
轴承信息	轴承1-1	轴承2-1	轴承3-1	轴承1-1	轴承2-1	轴承3-1

续表

数据集简介	陆地风力发电机高速轴轴承			海上风力发电机高速轴轴承		
	工况1	工况2	工况3	工况1	工况2	工况3
	轴承1-2	轴承2-2	轴承3-2	轴承1-2	轴承2-2	轴承3-2
	轴承1-3	轴承2-3	轴承3-3	轴承1-3	轴承2-3	轴承3-3
轴承信息	轴承1-4	轴承2-4	—	轴承1-4	轴承2-4	轴承3-4
	轴承1-5	轴承2-5	—	轴承1-5	轴承2-5	轴承3-5
	轴承1-6	轴承2-6	—	—	—	—
	轴承1-7	轴承2-7	—	—	—	—

以陆地风力发电机高速轴轴承数据为例，部分轴承退化数据如图5-10所示。可以看出工况一与工况二下的轴承数据退化趋势是存在一定的差异性的。

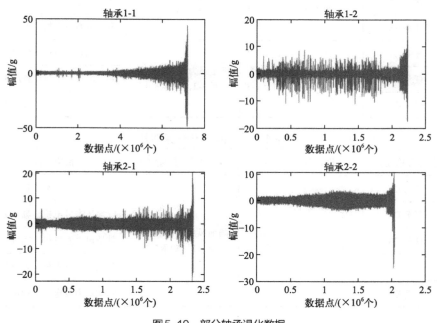

图5-10　部分轴承退化数据

5.3.3　跨域和跨工况任务划分

为了全面验证所提出方法的泛化性，在陆地风力发电机跨工况的高速轴轴承RUL预测仿真试验为任务A；在海上风力发电机跨工况的高速轴轴承RUL预测仿真试验为任务B和任务C；在陆地风力发电机和海上风力发电机跨设备的

高速轴轴承RUL预测仿真试验为任务D。跨工况的迁移任务见表5-10，跨域的
迁移任务见表5-11。

表5-10   跨工况的迁移任务划分

跨工况迁移任务	训练集（源域）	辅助集（目标域）	测试数据集
任务A1	陆地风力发电机：轴承1-1，轴承1-2，轴承1-3	陆地风力发电机：轴承2-1，轴承2-2	陆地风力发电机：轴承2-3
任务A2			陆地风力发电机：轴承2-4
任务A3			陆地风力发电机：轴承2-5
任务A4			陆地风力发电机：轴承2-6
任务A5			陆地风力发电机：轴承2-7
任务B1	海上风力发电机：轴承1-1，轴承1-2，轴承1-3	海上风力发电机：轴承2-1，轴承2-3	海上风力发电机：轴承2-2
任务B2			海上风力发电机：轴承2-4
任务B3			海上风力发电机：轴承2-5
任务C1	海上风力发电机：轴承1-1，轴承1-2，轴承1-3	海上风力发电机：轴承3-3，轴承3-4	海上风力发电机：轴承3-1
任务C2			海上风力发电机：轴承3-2
任务C3			海上风力发电机：轴承3-5

表5-11   跨域的迁移任务划分

跨域迁移任务	训练集（源域）	辅助集（目标域）	测试数据集
任务D1	海上风力发电机：轴承1-1，轴承1-2，轴承1-3	陆地风力发电机：轴承2-1，轴承2-2	陆地风力发电机：轴承2-3
任务D2			陆地风力发电机：轴承2-4
任务D3			陆地风力发电机：轴承2-5
任务D4			陆地风力发电机：轴承2-6
任务D5			陆地风力发电机：轴承2-7

5.3.4   参数设置

试验模型的具体参数设置为：在特征提取部分，采取两层卷积与池化层网
络结构，卷积核与普通池化核分别设置为5和2。在全连接层和LSTM迁移部
分，MMD距离计算选取RBF函数作为核函数，核宽度为1。当MMD度量损
失函数和对抗策略损失各占总损失为0.25时网络达到最优效果，即λ和β都为

0.25。学习率为0.001。批大小为16，其中一半数据来自源域，一半来自目标域。迭代次数设置为150。

5.3.5 跨域和跨工况仿真试验

为了定量衡量本方法的预测性能，采用均方根误差（root mean squared error，RMSE）和平均绝对误差（mean absolute error，MAE）两个评价指标。

需要指出的是，这两个指标值越低，对应迁移寿命预测方法的性能越好。跨工况的高速轴轴承RUL预测效果见表5-12，跨域的高速轴轴承RUL预测效果见表5-13。

表5-12 跨工况的RUL预测效果

跨工况RUL预测任务	RMSE	MAE	跨工况RUL预测任务	RMSE	MAE
任务A1	0.2915	0.2289	任务B2	0.2000	0.1612
任务A2	0.3181	0.2462	任务B3	0.2543	0.2081
任务A3	0.3283	0.2659	任务C1	0.2401	0.1653
任务A4	0.1976	0.1565	任务C2	0.2384	0.1824
任务A5	0.2056	0.1216	任务C3	0.1780	0.1173
任务B1	0.1436	0.1174			

表5-13 跨域的RUL预测效果

跨域RUL预测任务	RMSE	MAE	跨域RUL预测任务	RMSE	MAE
任务D1	0.3029	0.2441	任务D4	0.3403	0.2894
任务D2	0.3695	0.3214	任务D5	0.2452	0.1840
任务D3	0.2802	0.2312			

从表5-12可以看出，本章方法在实现跨工况的RUL预测时RMSE的值均小于0.33，MAE的值均小于0.27；从表5-12可以看出，在实现跨域的RUL预测时RMSE的值均小于0.37，MAE的值均小于0.33。可以看出在多项评价指标下，利用本章方法均取得了可接受预测效果。

可视化见图5-11。由图中可以看，迁移效果良好，预测值与标签走势基本一致。

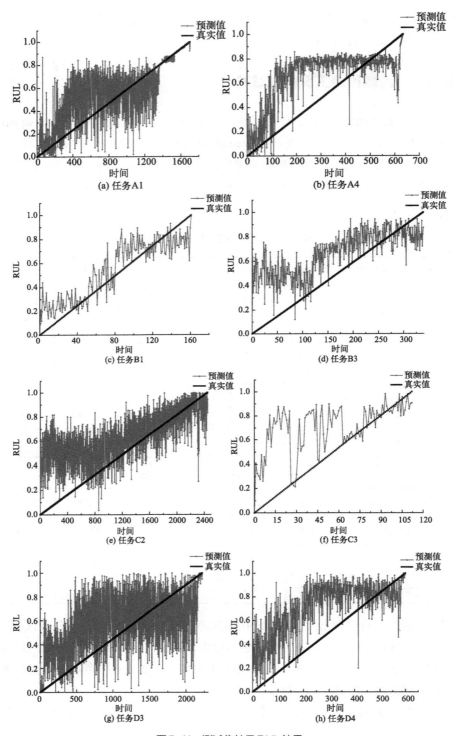

图5-11　测试集轴承RUL结果

5.3.6　小结

不确定性对于RUL预测和后续决策都至关重要，将BNN引入RUL预测问题中，设计了一种基于BayesLSTM网络的不确定性建模方法，该方法不仅可以预测高速轴轴承的RUL值，还可以得到预测的置信区间，并对不确定性进行量化。为了进一步说明模型的优越性，与LSTM模型相比较，结果显示BayesLSTM网络在预测高速轴轴承时的RMSE值大多数都要低于LSTM网络，具有良好的精确性。

5.4　双向长短期记忆网络在刀具剩余寿命预测中的应用

刀具状态监测包括监测刀具的磨损状态、磨损量以及剩余寿命三个方面，通过对刀具状态的监测可以为是否换刀以及换刀时间的决策提供指导性意见。在第1章介绍SDAE的基本原理的基础上，重点研究SDAE算法在刀具磨损状态识别的应用。

5.4.1　堆叠降噪自编码器在刀具状态识别中的应用

在第1章介绍SDAE的基本原理的基础上，重点研究SDAE算法在刀具磨损状态识别的应用。在使用深层网络进行模式识别前需要对原始数据的特征进行提取。使用公开的MNIST手写数字集[4]对单个DAE的特征提取能力进行验证。该数据集中共包含70000个样本，其中训练样本60000个，测试样本10000个，训练标签与测试标签的数量与样本数相同，每个样本由784个像素点构成的手写数字图像组成，包含从0～9共10个字符。在不影响准确率的前提下，为了提高计算效率，据标签从每个字符的样本中选取100个样本，共有1000个样本。

使用DAE对MNIST数据集的原始数据样本进行特征提取，考虑到每个数据样本包含784个样本点，故DAE的输入层节点数设定为784，根据DAE输入层与输出层节点数相同的特性，将输出层节点数也设定为784。本仿真试验中将DAE的隐含层节点数设为400，为了探究不同迭代次数对DAE的特征提取能力的影响，本文将迭代次数分别是设置为1次、10次、50次、100次、150次；同时设置学习率为0.1，噪声比为0.1。为了更直观地观察降噪自编码器的特征提取能力，本文通过定量与定性方法评估DAE的特征提取能力，定性方法即通过输入曲线与输出曲线（重构曲线）的差异性比较，从而对降噪自编码器的特征提取能力进行评价。通过输入曲线与重构曲线的误差值对降噪自编码器的特征提取能力进行定量评估。

　　输入曲线的横坐标代表着样本的数据维数，原始数据中的数据特征的维度为784维，所以横坐标为1、2、3、…、784，输入曲线的纵坐标为每种特征的原始数据的均值。重构曲线的横纵坐标分别为重构的784维特征和重构数据的均值。为了更显化重构曲线与输入曲线之间的差异性，本文选取原始数据和重构数据的前200维的均值。模型训练结束后，不同迭代次数下的重构曲线如图5-12～图5-16所示。

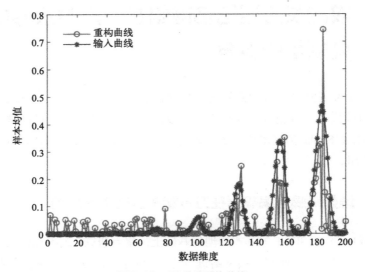

图5-12　1次迭代重构曲线

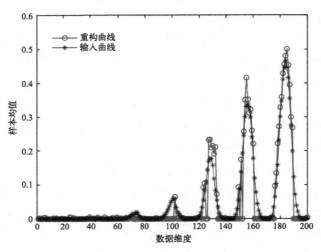

图5-13　10次迭代重构曲线

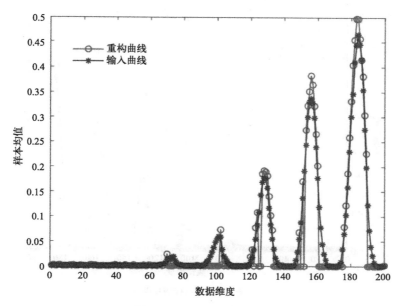

图5-14 50次迭代重构曲线

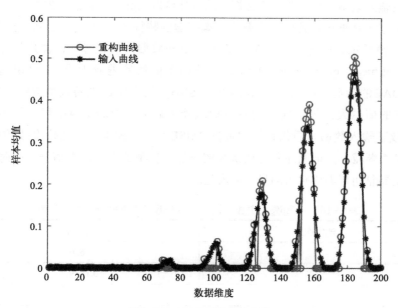

图5-15 100次迭代重构曲线

如图5-12～图5-16所示，在试验中固定网络结构、学习率、批处理样本数目、稀疏度（加噪比例）和激活函数等参数，只改变模型的迭代次数。随着降噪自编码器网络迭代次数的增加，原始输入数据曲线与重构曲线的差异性越来越小，因此可以粗略地证明随着迭代次数的增加，DAE可以很好地复原加入噪

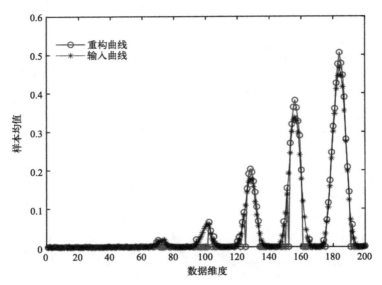

图5-16 150次迭代重构曲线

声后的输入数据，也说明隐含层提取的特征可以很好地表达输入数据。

为了更加准确地评估单个降噪自编码器的特征提取能力，在定性分析的基础上，使用定量的方法评估输入数据与重构数据间的差异性，使用均方根误差（root mean square error, RMSE）评价两个曲线的差异大小。RMSE的值代表着DAE的特征提取能力，RMSE的值越小，代表DAE的特征提取能力越强，RMSE的值越大，代表DAE的特征提取能力越差。由表5-14中展示的不同迭代次数下输入数据与重构数据之间的RMSE可知，随着模型迭代次数的增加，RMSE逐渐减小，证明随着迭代次数的增加，模型的重构能力增强，同时DAE提取的特征可以看作输入的另一种表达。

表5-14 不同迭代次数下输入数据与重构数据间的RMSE值

迭代次数	RESM
1	0.2650
10	0.1459
50	0.1155
100	0.1093
150	0.1050

综合图5-12～图5-16与表5-14可知，在隐含层节点数等网络参数不变的前提下，模型的迭代次数不同时，得到的结果也不同，且随着迭代次数的增加，DAE的特征提取能力逐渐变强，当模型迭代到150次时，从图5-16上可以看到

输入曲线与重构曲线基本吻合，同时原始数据与重构数据间的RMSE值也取得5次试验的最小值，为0.1050。也说明当模型迭代次数为150次时，DAE可以很好地从数据中提取特征。

对原始特征维度过大的数据提取特征时，单一的DAE由于只包含1个隐含层，所以提取的特征有限。为了增强对高维数据特征的提取能力，需要将多个DAE进行堆叠，经过多个DAE的特征提取，可以更好地挖掘高维数据的深层特征。使用SDAE对刀具状态进行分类识别时，需提取监测信号特征，并将其输入分类器中进行识别分类。在SDAE最后一层添加一个Softmax分类器，构成新的SDAE网络。如图5-17所示。

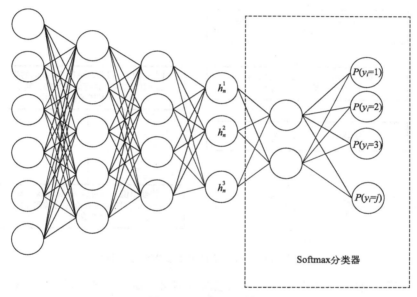

图5-17　SDAE网络结构

对于刀具磨损状态，文献[5]中对其划分为：轻度磨损状态（0～60μm）、中度磨损状态（60～120μm）、重度磨损状态（大于120μm）。考虑到每个状态的样本数量，在以上分类方式的基础上，将刀具状态定义为初期磨损阶段、正常磨损阶段和急剧磨损阶段。如表5-15所示。

表5-15　刀具磨损状态划分

刀具磨损状态	初期磨损阶段	正常磨损阶段	急剧磨损阶段
后刀面磨损值	0～86μm	87～130μm	大于130μm

以PHM2010刀具磨损数据集中的C6刀具为例，基于SDAE的刀具磨损状态识别流程如图5-18所示。

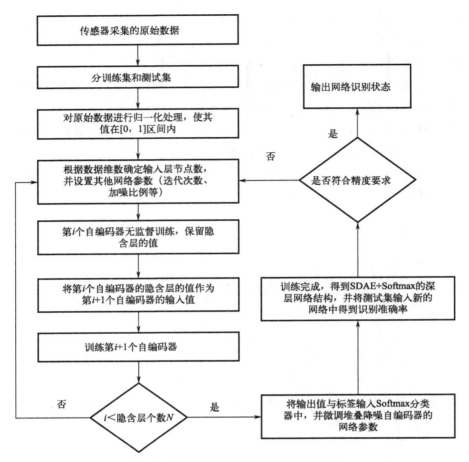

图5-18　基于SDAE的刀具磨损状态识别流程

　　步骤1：使用传感器采集刀具加工时的信号。使用传感器可以采集到刀具不同磨损时期的振动信号、切削力信号、声发射信号，在PHM2010数据集中，使用传感器对刀具的每次走刀的7种监测信号进行采集，以X方向切削力数据为例，在图5-19给出刀具在不同磨损时期的切削力信号幅值图。

　　步骤2：对原始数据进行归一化，并分训练集与测试集。根据磨损值将刀具的寿命周期分为三个时期，并将每个时期的数据分为训练集与测试集，并使用One-Hot编码制作标签。在将原始数据输入SDAE前需对训练集与测试集的数据进行归一化处理，使其落在区间[0,1]内。

　　步骤3：初始化SDAE网络的参数。首先，定义网络结构，不同的网络结构对特征的提取能力也不同，根据训练集与测试集的样本点数，确定网络的输入层节点数，并设置隐含层个数与隐含层节点数、加噪比例、迭代次数以及批处理样本数。

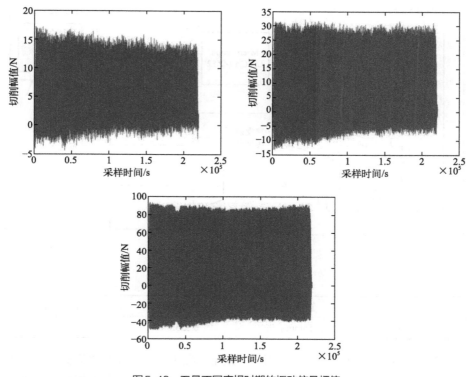

图5-19　刀具不同磨损时期的振动信号幅值

步骤4：将训练样本输入构建的SDAE模型中，在SDAE的编码网络中进行无监督训练，在训练时利用编码函数得到隐含层激活值，保留隐含层输出值，并将上一个DAE的隐含层输出值作为下一个DAE的输入值，直至所有的DAE训练结束，并保留隐含层输出值，即SDAE模型提取的特征。

步骤5：训练Softmax分类器。将SDAE提取的特征与相应的训练标签输入Softmax分类器中，通过迭代更新模型参数以达到最小化代价函数，得到输入数据对应于每个类别（本文共有三个类别）的概率，根据概率值判断输入数据所属类别。至此，SDAE和Softmax分类器构成新的深层网络。

步骤6：输入测试集数据，对刀具磨损状态进行识别。将测试集数据输入训练好的深层网络中，首先通过无监督学习进行特征提取，并将特征输入Softmax分类器中预测测试数据的类别，最后将预测结果与测试集标签进行比较，得到刀具磨损状态识别准确率。

使用PHM2010刀具磨损数据集[6]。试验装备示意如图5-20所示，该试验平台为Roders Tech RFM760高速数控铣床，使用三刃碳化物球头铣刀切削不锈钢，切削方式为端铣，切削参数如表5-16所示。

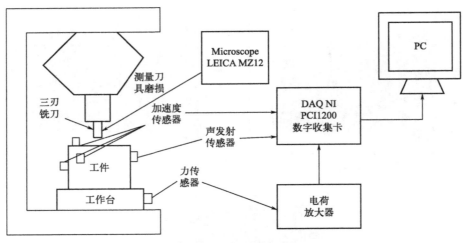

图5-20   试验过程示意图

表5-16   铣削切削参数

主轴转速	进给速度	径向切深	轴向切深
10400r/min	1555mm/mim	0.125mm	0.2mm

为了获取数控机床运行状况相同的数据，在工件和工作台之间安装了一个Kistler石英三分测力仪，测量加工过程中的X、Y、Z三个方向的切削力，将加工过程中的电荷信号传输给Kistler电荷放大器转化成电压信号，同时在工件的X、Y、Z三个方向上安装Kistler压电传感器测量加工过程中的机床振动信号，并且在工件上安装Kistler声发射传感器收集声发射信号。每个传感器的输出经电荷放大器之后，再通过NI DAQ PCI 1200采集卡将电信号转化为数字信号，并储存在计算机中，采集卡的连续采样频率为50kHz。

在该数据集中共给出6把刀具连续切削不锈钢时产生的信号原始数据，在该试验中每把刀具进行连续315次走刀，所以每把刀具都有315个数据样本，根据前面对试验过程的叙述，试验过程中可以收集7种信号，所以每把刀具的每个样本中都有7种信号数据，分别为工件X、Y、Z三个方向的切削力信号数据和声发射信号数据，机床X、Y、Z三个方向的振动信号数据。并在精加工每个表面后，使用LEICA MZ12显微镜离线测量每个刀具的磨损值，该数据集中给出了C1、C4和C6刀具315次走刀的后刀面磨损值，因为该试验使用的刀具包含3个切削刃，所以在每次走刀的磨损值样本都由3个切削刃的磨损值组成。为了更好地表达铣刀的切削状态，将切削结束后磨损值最大的切削刃的后刀面磨损值作为该刀具的磨损值，如图5-21所示。以C4刀具为例，在图5-22中给出三个切削刃的后刀面磨损值，可以看到三个切削刃的磨损曲线基本吻合，在以后的分析中，都将切削结束后磨损值最大的切削刃的后刀面磨损值作为该刀具的磨损值。

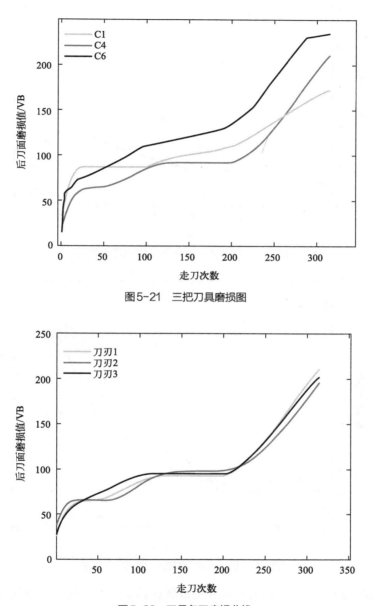

图5-21 三把刀具磨损图

图5-22 刀具各刃磨损曲线

均方根值常被用于反映信号的能量[7]，因此分别计算C4刀具在X、Y、Z三个方向上的切削力信号和振动信号的均方根值以及声发射信号的均方根值。如图5-23 ～图5-25所示。

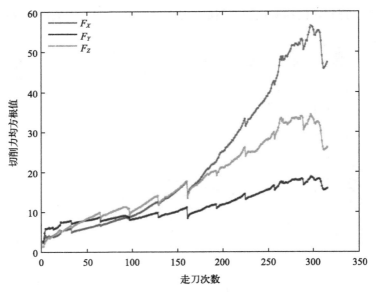

图5-23　切削力均方根值随走刀次数变化曲线

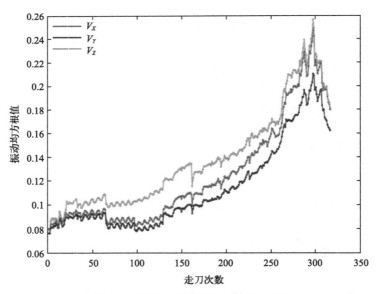

图5-24　振动均方根值随走刀次数变化曲线

　　如图5-23中所示，切削力均方根值随连续走刀次数的变化曲线可以分为三个时期，在刀具初期磨损与正常磨损阶段切削力均方根值缓慢增加，当刀具进入急剧磨损阶段，刀具的均方根值快速增加，此时切削力较大，刀具的切削能力下降。切削力在后期下降可能是因为铣刀崩刃后刀具的前刀面与后刀面被磨平，此时切削刃比较锋利，导致切削力降低。其中X方向的切削力变

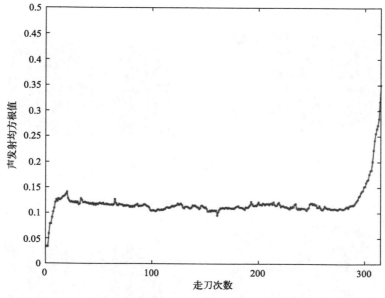

图5-25 声发射均方根值随走刀次数变化曲线

化最明显。由图5-24可见，三个方向的振动信号走势基本相同，在刀具磨损初期和正常磨损时期，刀具的振动信号缓慢增加且振动幅值很小，在急剧磨损时期刀具的振动幅值快速增加，此时，切削过程不稳定，容易导致刀具崩刃。三个方向的振动曲线的变化幅度基本相同，且变化幅度均没有X方向切削力的变化幅度大。由图5-25可见，刀具声发射信号在刀具磨损初始阶段与正常磨损阶段增加较为缓慢，在刀具磨损后期声发射信号快速增加。声发射信号幅值在初期磨损和正常磨损阶段的变化幅度较小，将声发射信号作为输入数据，特征提取难度过大。

根据以上分析，振动信号与声发射信号在刀具不同磨损时期的变化幅度较小，而切削力在刀具的不同磨损时期变化较为明显，其中F_X的变化最明显，因此将刀具在X方向的切削力信号作为SDAE模型的输入。

图5-26给出三把刀具在不同磨损时期的刀具切削力信号原始数据的幅值图。其中（a）、（b）、（c）代表刀具C1在初期磨损、正常磨损、急剧磨损三个阶段的切削力幅值，（d）、（e）、（f）代表刀具C4在初期磨损、正常磨损、急剧磨损三个阶段的切削力幅值，（g）、（h）、（i）代刀具C6在初期磨损、正常磨损、急剧磨损三个阶段的切削力幅值。

由图5-26可见，三把刀具不同磨损阶段的切削力幅值存在明显的差异，同一把刀具的切削力幅值随着切削时间的增加而增大，因此将X方向切削力原始数据作为模型输入，SDAE模型更容易提取切削力信号的特征，进而对刀具磨

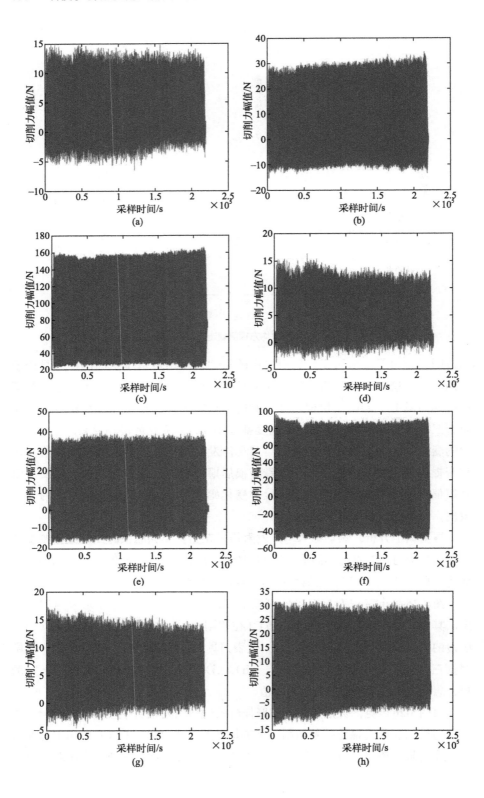

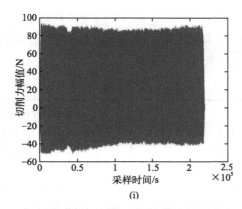

图5-26 三把刀具不同磨损时期的切削力幅值随时间变化曲线

损状态进行识别。

① 模型评价指标。为了衡量使用SDAE模型进行刀具磨损状态识别的效果，本文主要使用模式识别准确率对模型的性能进行评价。使用总体识别准确率状态识别准确率OAR（overall accuracy rate）和单一状态识别准确率SAR（single accuracy rate）作为状态识别方法的评价指标。

$$OAR = \frac{T_1 + T_2 + T_3}{T_1 + F_1 + T_2 + F_2 + T_3 + F_3} \qquad (5\text{-}5)$$

式中，T_1、T_2、T_3分别代表刀具初期磨损、正常磨损、急剧磨损三种状态识别正确的数目；F_1、F_2、F_3分别代表刀具初期磨损、正常磨损、急剧磨损三种状态识别错误的数目。

$$SAR = \frac{T_j}{T_j + F_j} \qquad (5\text{-}6)$$

式中，T_j代表第j种状态的识别正确的个数；F_j代表第j种状态识别错误的个数；j可能为刀具初期磨损、正常磨损、急剧磨损三种状态其中一种。在状态识别中，通常我们要求总体准确率OAR和单一状态识别的准确率SAR都尽可能地高。

② 试验设置。将C1、C4、C6三把刀具不同磨损阶段的切削力信号作为SDAE模型的输入。由于该数据集中每把刀具都有315次连续走刀，所以共有315个样本，每个样本都有超过150000个样本点，在保证准确率的前提下，为了提高计算效率，在每个磨损阶段都选取了5个走刀样本，作为刀具磨损状态识别的数据。将X方向的切削力信号按照相同的时间长度进行划分，每段包括2048个样本点，每个走刀样本可分成80个分组，因此每把刀具均有1200组样

本数据，随机取80%作为训练数据，20%作为测试数据，即将1200个样本分为1000个训练样本和200个测试样本。使用One-Hot编码方式设置训练标签与测试标签，具体的标签设置如表5-17所示。

表5-17　标签设置

刀具状态	训练样本/测试样本标签
初期磨损阶段	[1 0 0]
正常磨损阶段	[0 1 0]
急剧磨损阶段	[0 0 1]

在样本输入堆叠降噪自编码器之前，需对1200个样本进行归一化处理，使其范围限制在[0,1]内，因使用的是刀具加工时的原始信号数据，因此仅对原始切削力数据进行归一化处理。由于输入数据样本的维数决定堆叠降噪自编码器输入层样本点数，而刀具状态的数目确定最后一层的节点数，因此仿真试验中SDAE的输入层节点数为2048，输出层节点数为3。使用SDAE模型的目的是提取原始数据中的特征，即用较少维数的特征代替原始数据，因此，SDAE模型中提取的特征维数应小于原始数据维数，即在堆叠降噪自编码器下一层节点数目要低于上一层节点数目。在SDAE模型中包含网络结构、学习率、稀疏度（加噪比例）、激活函数、迭代次数以及批处理样本数等参数，选择合适的网络参数可以更好地提高SDAE模型的识别准确率，而且，合适的网络参数也可以提高模型的效率，例如当网络结构的层数较多、迭代次数更多时模型的训练时间会变长。通过仿真试验探究各参数对模型识别性能的影响，以下试验使用的数据集为刀具C1的训练数据与测试数据。

③ 隐含层单元数的选择。隐含层单元数量的多少不仅影响模型的性能、计算效率，而且还决定网络是否会发生过拟合现象。对于隐含层单元数目的选择往往依赖于经验。通过研究不同隐含层单元对模型识别准确率的影响，确定最终网络结构及隐含层单元数目。设置迭代次数为150次，加噪比例为0.5，小批量样本数目为100，学习率为0.5，隐含层节点分别设置为1500、1200、1000、800、500、100，模型的识别准确率随隐含层节点数目变化的曲线如图5-27所示。

从图5-27中可以看到当隐含层节点为1500时，模型的预测准确率最高，为98%。其中当模型的隐含层节点数选用800时，模型的分类准确率与使用1500次的模型准确率最接近，为了进一步挖掘数据中的深层特征，本文将多个DAE进行堆叠。根据相关文献[8]可知隐含层节点数最好选在输入层节点数的1/2到输入层节点的1.5倍范围内，所以最终确定的网络结构为2048-1500-800-100-800-1500-2048，此时，模型的分类识别准确率为98.5%。

④ 学习率的选取。在模型的训练过程中，学习率扮演着重要的角色，学习率的大小影响着模型梯度下降算法中权值参数的变化速度。当模型的梯度保持不变时，步长与学习率呈正相关关系，学习率较大，模型可能得不到最优解，学习率较小，模型的迭代时间会延长，网络不易收敛。本文使用定性的分析方法探究学习率对模型分类识别性能的影响。设置网络结构为前文确定的网络结构，迭代次数设为150次，批处理样本数为100，加噪比例为0.5，依次设置学习率为0.1、0.2、0.3、0.4、0.5、0.6、0.7、0.8、0.9、1。最终得到的模型分类识别准确率随模型学习率变化的曲线，如图5-28所示。

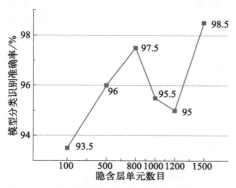

图5-27　模型预测准确率随隐含层节点数变化曲线

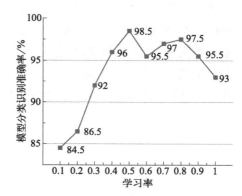

图5-28　模型识别准确率随学习率变化曲线

由图5-28可知，当学习率不同时，模型的分类识别准确率也不同，使用本文所选的学习率得到的模型分类识别准确率都大于84%，其中当学习率选0.5时，获得识别准确率最高，达到了98.5%。所以在本文的仿真试验中将0.5作为最佳的学习率值。

⑤ 加噪比例的选择。为了增强模型的泛化能力，使模型可以识别"损坏数据"，在将数据输入模型前，在其中加入噪声。学习率设为0.5，迭代次数为150次，批处理样本数目为150，依次设置加噪比例为0.1、0.2、0.3、0.4、0.5、0.6、0.7、0.8、0.9。最终得到不同加噪比例对模型识别准确率的影响。模型识别准确率随加噪比例的变化曲线如图5-29所示。从图中可以看到随着加噪比例的增加，模型的

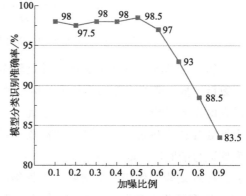

图5-29　模型分类识别准确率随加噪比例变化曲线

准确率总体呈下降趋势，其中当模型的加噪比例设为0.5时，此时刀具的识别准确率最高，达到了98.5%，所以在试验中将0.5作为最佳的加噪比例值。

⑥ 模型迭代次数的选择。模型迭代次数的原则，对模型最后的识别性能有重要的影响，当模型迭代次数较小时，特征提取不充分，最终得到识别准确率可能会很低，当模型迭代次数过大时，耗费时间过长，所以选择合适的参数至关重要。设置学习率为0.5、加噪比例为0.5、批处理样本数为100，依次设置模型迭代次数为10、50、100、150、200、250、300、350、400、450、500。最终得到模型分类识别准确率随迭代次数变化曲线如图5-30所示，从图中可以看到当迭代次数不同时，最终模型的分类识别准确率也不同。其中，当迭代次数为150次时，模型分类识别准确率最高，达到了99%。在开始时随着迭代次数的增加，模型的分类识别准确率越高，但是当迭代次数增加到150次以后，模型的分类识别准确率上下波动，且随着迭代次数的增加，模型的运行时间越长。因此，在试验中选取迭代次数为150次为最佳的迭代次数。

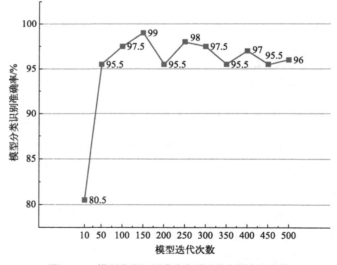

图5-30　模型分类识别准确率随迭代次数变化曲线

⑦ 批处理样本数量的选取。批处理样本数目指的是一次训练模型抽取的样本数目。批处理样本数影响模型的运行速度、最终的结果，当批处理样本数目过大时，此时模型容易陷入局部最优解，而且对计算机的内存有一定的要求，当批处理样本数过小时，则将数据集中所有样本都跑完一次所需的时间增加，模型运行的时间也随之增加且不易收敛。所以选择合适的批处理样本数至关重要。在本试验中使用前文得到最佳网络结构，设置学习率为0.5，加噪比例为0.5，模型迭代次数为150次，因为批处理样本数是训练样本总数的约数，所以

依次设置批处理样本数为10、50、100、200、250、500，得到模型分类识别准确率随批处理样本数的变化曲线，如图5-31所示。

由图5-31可知，当模型的批处理样本数为100时，此时模型的分类识别准确率最高，达到了99%，所以将100作为最佳的批处理样本数。

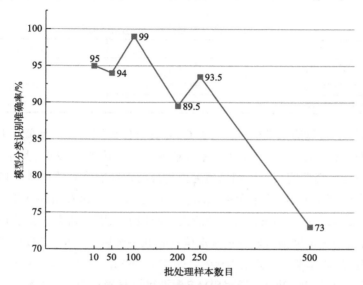

图5-31 模型分类识别准确率随批处理样本数目变化曲线

综上所述，最终确定刀具磨损状态识别模型参数，自编码器的网络结构为2048-1500-800-100-800-1500-2048，SDAE网络结构由三个降噪自编码器组成、设置学习率为0.5、稀疏度为0.5、迭代次数为150、处理样本数为100。

⑧ 仿真试验结果与分析。为了评估SDAE模型的刀具磨损状态识别能力，在对不同刀具磨损阶段下切削力数据特征提取的基础上，对刀具状态进行识别分类。使用总体准确率OAR和单一状态识别准确率SAR作为评价指标。为了消除算法随机性的影响，每个仿真试验均重复10次，取10次结果的平均值作为最后的识别结果。表5-18、表5-19、表5-20分别给出使用本文提出的刀具磨损状态识别模型对C1、C4、C6三把刀具磨损状态的总体识别准确率和单一磨损状态的识别准确率。

表5-18 C1刀具磨损状态识别准确率

刀具状态	SAR	OAR
初期磨损阶段	100%	
正常磨损阶段	97.22%	99%
急剧磨损阶段	100%	

表5-19　C4刀具磨损状态识别准确率

刀具状态	SAR	OAR
初期磨损阶段	97.65%	
正常磨损阶段	96.97%	96.5%
急剧磨损阶段	93.88%	

表5-20　C6刀具磨损状态识别准确率

刀具状态	SAR	OAR
初期磨损阶段	98.86%	
正常磨损阶段	98.18%	99%
急剧磨损阶段	100%	

　　根据以上刀具磨损准确率，可知C4刀具总体识别准确率略低，为96.5%，而对刀具C1和C6磨损状态总体识别准确率较高，达到了99%。其中SDAE模型对C1刀具的初期磨损阶段和急剧磨损阶段的识别准确率都达到了100%，对正常磨损阶段的识别准确率为97.22%。对C4刀具三个磨损阶段的识别准确率都达到了93%以上，对C6刀具的急剧磨损阶段的识别准确率达到了100%，初期磨损阶段和正常磨损阶段的识别准确率也在98%以上。可见SDAE模型对三把刀具磨损的总体准确率分别为99%、96.5%、99%，而且对单一状态的识别准确率也都达到了93%以上，证明SDAE模型可以直接从刀具原始数据中提取特征且进行识别。根据5.3节中对该数据集的分析可以发现C1、C4、C6三把刀具的磨损曲线具有一定的差异性，因此，以上的识别结果说明SDAE对刀具磨损状态有很好的识别能力。

　　⑨ SDAE与DBN、SSAE模型对比分析。为了验证SDAE模型在刀具磨损状态识别方面的优势，使用故障诊断中常用的DBN以及SSAE对刀具磨损状态进行识别。DBN与SSAE模型常用的数据形式与SDAE网络相同，均是一维向量。其中DBN网络由多个限制玻尔兹曼机（RBM）和Softmax分类器组成，通过设置一定的网络结构以及隐含层节点数目，可以提取高层次的特征，将特征与标签输入Softmax分类器中进行训练，将训练好的DBN与Softmax分类器组成新的网络，再将测试集数据输入新的网络中进行分类。SSAE网络属于自编码器的分支，是在基础的自编码器网络中加入稀疏比例，稀疏比例控制隐含层输出的稀疏性，其训练过程与基本的自编码器也相似，不同的是在稀疏自编码器的训练过程中损失函数的形式不同。稀疏自编码器的损失函数的形式如公式（5-7）所示：

$$f = \frac{1}{N} \sum_{n=1}^{N} \sum_{k=1}^{K} \left(x_{kn} - \hat{x}_{kn} \right)^2 + \lambda * \Omega_{\text{weights}} + \beta * \Omega_{\text{sparsity}} \tag{5-7}$$

式中，$\frac{1}{N}\sum_{n=1}^{N}\sum_{k=1}^{K}\left(x_{kn}-\hat{x}_{kn}\right)^2$ 为均方误差函数；λ 和 β 分别为L2正则项系数和稀疏正则项系数；Ω_{weights} 和 Ω_{sparsity} 分别为L2正则项和稀疏正则项。

为了减少网络结构对状态识别准确率的影响，DBN与SSAE网络结构也设为2048-1500-800-100-3，其中2048代表DBN与SSAE网络的输入层节点数目，输出层节点数目为3。经过多次仿真试验，最终确定DBN和SSAE网络参数如表5-21、表5-22所示。

表5-21 DBN网络参数设置

学习率	初始动量	迭代次数	批处理样本数目	激活函数
0.1	0.5	150	100	Sigmoid

表5-22 SSAE网络参数设置

L2正则项系数	稀疏正则项系数	系数比例	最大迭代次数	激活函数
0.01	4	0.1	150	Sigmoid

使用上述参数分别对刀具C1、C4、C6进行磨损状态识别，分别获得三种方法对刀具磨损状态的总体识别准确率OAR和单一磨损状态的识别准确率SAR，如表5-23～表5-25所示。

表5-23 对刀具C1磨损状态识别方法对比结果

数据集	磨损状态	方法	SAR	OAR
C1	初期磨损阶段	SDAE	100%	SDAE总体识别准确率为99%，SSAE总体识别准确率为97%，深度置信网络的总体识别准确率为94%
		SSAE	97.5%	
		DBN	100%	
	正常磨损阶段	SDAE	97.22%	
		SSAE	98.5%	
		DBN	88.89%	
	急剧磨损阶段	SDAE	100%	
		SSAE	90.6%	
		DBN	94.84%	

从表5-23中给出的结果来看，SDAE的刀具磨损状态识别模型对刀具C1的总体识别准确率OAR明显高于DBN和SSAE模型，OAR值达到了99%，而基于SSAE和DBN模型的OAR分别为97%和94%。SDAE模型在对刀具C1的SAR也明显高于另外两种方法，其中对刀具C1的初期磨损阶段和急剧磨损阶段的磨损准确率都达到了100%，而SSAE和DBN模型对初期磨损阶段和急剧磨损阶段的状态识别准确率分别为97.5%、100%和90.6%、94.84%。而SDAE模型对刀

具正常磨损阶段的状态识别准确率达到了97.22%，略低于SSAE模型对该阶段的识别准确率。

表5-24　对刀具C4磨损状态识别方法对比结果

数据集	磨损状态	方法	SAR	OAR
C4	初期磨损阶段	SDAE	97.65%	SDAE总体识别准确率为96.5%，SSAE总体识别准确率为97%，深度置信网络的总体识别准确率为90.5%
		SSAE	95.5%	
		DBN	94.12%	
	正常磨损阶段	SDAE	96.97%	
		SSAE	100%	
		DBN	86.37%	
	急剧磨损阶段	SDAE	93.88%	
		SSAE	95.9%	
		DBN	93.9%	

从表5-24中给出的结果来看，本章提出的基于SDAE的刀具磨损状态识别模型对刀具C4的总体识别准确率OAR略低于SSAE模型，但是OAR值也达到了96.5%。该准确率远高于DBN模型（与SDAE模型的网络结构相同）的识别准确率。使用SDAE模型对刀具C4的初期磨损阶段的识别准确率为97.65%，高于SSAE和DBN模型。SDAE对正常磨损阶段的识别准确率为96.97%，高于DBN模型的识别准确率86.34%，低于SSAE模型的识别准确率100%。同样的，SDAE模型对急剧磨损阶段的识别准确率都低于SSAE和DBN模型，但是准确率也高于93%。

表5-25　对刀具C6磨损状态识别方法对比结果

数据集	磨损状态	方法	SAR	OAR
C6	初期磨损阶段	SDAE	98.86%	SDAE总体识别准确率99%，SSAE总体识别准确率97%，深度置信网络的总体识别准确率为90.5%
		SSAE	98.8%	
		DBN	96.6%	
	正常磨损阶段	SDAE	98.18%	
		SSAE	98.1%	
		DBN	92.73%	
	急剧磨损阶段	SDAE	100%	
		SSAE	93.4%	
		DBN	100%	

从表5-25中可以发现，使用SSAE模型对刀具磨损状态的总体识别准确率为99%，远高于SSAE和DBN模型的总体识别准确率97%和90.5%。并且对C6刀具的三个磨损阶段的单一磨损状态识别准确率都高于SSAE和DBN模型，其中SDAE模型和DBN模型对C6刀具急剧磨损阶段的识别准确率到达了100%，

而SSAE模型的识别准确率分别为93.4%。

综上所述，SDAE的刀具磨损状态识别模型的综合性能高于基于SSAE和DBN模型的刀具磨损识别准确率。无论是对刀具三个阶段的总体识别准确率还是单一状态识别准确率都取得很高的准确率。表明SDAE模型可以有效地从刀具的原始切削力信号提取高层次的特征，并对刀具的磨损状态进行识别。

提出基于SDAE的刀具磨损状态识别模型，然后给出模型具体实施流程。最后使用PHM2010刀具磨损数据集对SDAE模型进行验证，根据模型性能评价指标对试验结果进行评价，并与常用的深度学习方法DBN和SSAE模型进行对比。结果表明，SDAE的刀具磨损状态识别方法相比于DBN和SSAE模型具有更高的识别精度，而且该方法不依赖过多的专家经验和复杂的信号处理技术。

5.4.2 堆叠双向长短期记忆网络在磨损预测的应用

通过对刀具磨损状态的识别，可以判断刀具所处的磨损阶段，为制定合适的换刀策略提供依据，但由于缺乏准确的磨损值，无法更加准确地判断刀具状态。因此对刀具的磨损值的预测是必要的。

考虑到同一时间序列不同时间步的关联性，以及BLSTM网络的优势，为了尽可能多地挖掘时序数据的深层特征，参考文献[10]使用Stacked-BLSTM算法预测刀具后刀面磨损值。其结构如图5-32所示。

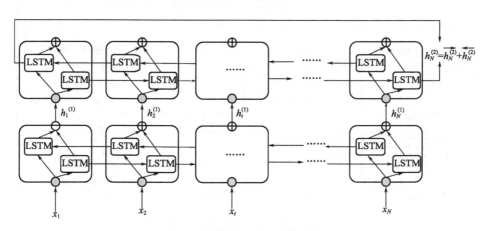

图5-32 堆叠BLSTM网络结构

由图5-32可知，基于堆叠BLSTM的预测算法原理，首先将时序数据即 $X_i=[x_1,\cdots,x_j,\cdots,x_N]$ 输入第一个BLSTM网络中提取序列数据中的特征，输出的特征为 $H_i^{(1)}=[h_1^{(1)},h_2^{(1)},\cdots,h_t^{(1)},\cdots,h_N^{(1)}]$，其中 $H_i^{(1)}$ 为序列数据 X_i 经过第一个

BLSTM网络处理后的特征序列数据，任意时刻的输出都与正向输出和反向输出两部分有关，是他们按元素逐点求和的结果。以 t 时刻为例，该时刻的输出 $h_t^{(1)}$ 可由下式计算求得：

$$h_t^{(1)} = \overrightarrow{h_t^{(1)}} \oplus \overleftarrow{h_t^{(1)}} \tag{5-8}$$

将第一个BLSTM输出的特征序列 $H_i^{(1)}$ 作为第二个BLSTM网络的输入数据，得到第二个传感器的输出特征 $h_N^{(2)} = \overrightarrow{h_N^{(2)}} + \overleftarrow{h_N^{(2)}}$，需要指出的是第二个BLSTM网络的输出特征是正向和逆向LSTM网络最后时刻点的输出特征按元素求和后得到的融合特征。将第二个BLSTM网络输出的特征输入全连接层，即一个前馈神经网络，得到全连接层的输出，最后将全连接层的输出作为回归层的输入，得到刀具的后刀面磨损预测值[11,12]。

进一步得到基于Stacked-BLSTM网络的刀具磨损预测框架，如图5-33所示。

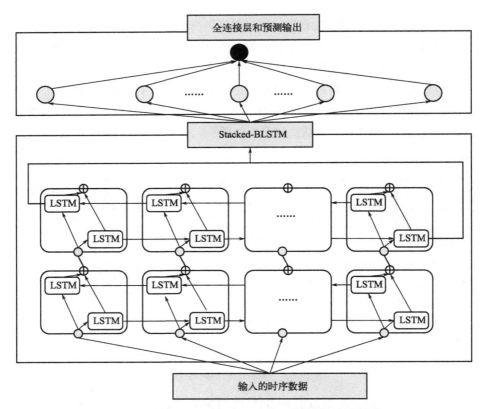

图5-33 基于Stacked-BLSTM的刀具预测模型网络结构

（1）实现步骤。基于Stacked-BLSTM具体的实现步骤如下所示。

① 数据预处理：将刀具数据分成训练集与测试集，并制作相应的标签。在

本文的试验中，数据标签为刀具的磨损值。将刀具每次走刀采集到的时序数据作为BLSTM网络的输入数据，将该次走刀的刀具后刀面磨损值作为标签。在将时序数据输入BLSTM网络前需要对数据进行标准化处理，本书采用Z-score[13]数据标准化方法对数据进行预处理，具体的表达式如式（5-9）所示：

$$z = (x - \text{mean}(x)) / \text{std}(x) \tag{5-9}$$

式中，$\text{mean}(x)$为数据的均值；$\text{std}(x)$为数据的标准差。当数据信息中包含多种传感器信息，需要将所有序列串联成一行数据，再求其均值与标准差。最后利用式（5-9）得到归一化后的训练数据与测试数据。

② 训练阶段：建立 Stacked-BLSTM 网络模型，设置模型参数，并将训练数据输入模型中训练模型参数。定义网络结构，包括响应数目、特征维数、隐含层数目以及相应的隐含层节点数、全连接层数目、最大迭代次数以及批处理样本数目，为了防止训练过程中发生过拟合问题，常需采用正则化方法。Hinton等提出丢弃法（Dropout）正则化方法提高模型的泛化能力[14]。使用该方法可以在 Stacked-BLSTM 网络中以一定的概率丢弃一些神经元以及其对应的连接，该方法可以有效地防止神经元之间由于过度协同所产生的过拟合现象。Stacked-BLSTM模型训练包括前向传播和反向传播两种。

③ 测试阶段：将测试数据输入训练好的Stacked-BLSTM网络中，利用Stacked-BLSTM网络自适应提取时序数据特征，并将特征输入全连接层，得到全连接层的输出，最后将全连接层的输出作为回归层的输入，得到刀具磨损预测值。全连接层可以为单层也可以为多层，在本章中全连接层为单层。全连接层及线性回归层的计算过程如式（5-10）和式（5-11）所示：

$$o = W_F h_t + b_F \tag{5-10}$$

$$\hat{y} = W_R o \tag{5-11}$$

式中，W_F和b_F分别为全连接层的权值矩阵和偏置向量；o为全连接层的输出；W_R和$\hat{y}$分别为线性回归层的权值向量和模型预测输出。

（2）结果评价。使用评价指标对结果进行评价。

在仿真试验中，将7种监测信号的时序数据作为模型的输入，刀具后刀面磨损值作为输出。经过多次仿真试验最终确定最佳的试验参数，如表5-26所示。使用的Stacked-BLSTM网络共包含2个BLSTM结构，分别设置2个BLSTM模型的隐含层节点数为200和100。由于输入数据的维数为7，所以Stacked-BLSTM模型的输入层节点数为7，输出为刀具后刀面磨损预测值，所以输出层节点数为1，并设置全连接层数为56，模型的学习率、小批量样本数、训练次数以及Dropout值分别设定为0.01、50、100、0.5。

表5-26　刀具剩余寿命预测模型参数设置

设置参数	参数值
输入特征维数	7
第一个BLSTM的隐含层单元数	200
第二个BLSTM的隐含层单元数	100
全连接单元数	56
输出层节点数	1
初始学习率	0.01
小批量样本数	50
训练次数	100
Dropout值	0.5

根据表5-26中的设置试验参数，获得三把刀具的磨损预测值，如图5-34～图5-36所示。在本章的仿真试验中，均以刀具最终磨损值最大的切削刃的后刀面磨损值作为该刀具的磨损值。

从图5-34～图5-36中可以看到，使用该模型对刀具的磨损值进行预测，从刀具的初始状态到当前状态的后刀面磨损预测值与真实值之间的差距很小。以刀具C4、C6为训练集，C1为测试集，得到的预测结果在刀具的整个时期预测值围绕着真实值上下波动。以刀具C1和C6为训练集，C4为测试集，得到的预测结果只在最后一段的预测有较为明显的差异，其他时期的预测磨损值与真实值差异很小。以C1和C4为训练集，C6为测试集，得到的预测结果在前期有微

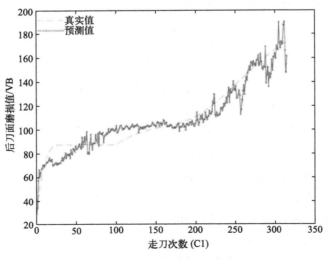

图5-34　以C1为测试集得到的模型预测结果

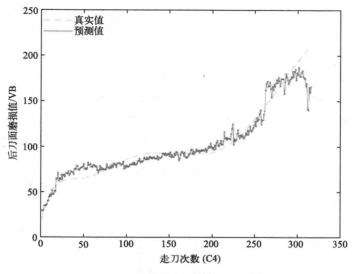

图5-35　以C4为测试集得到的模型预测结果

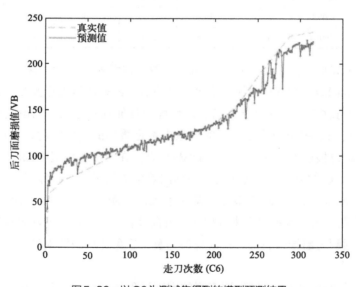

图5-36　以C6为测试集得到的模型预测结果

小的差异，其他时期基本无差异。通过对模型预测结果的定性分析可以发现，使用Stacked-BLSTM模型可以很好地从时序数据中提取特征，从而对刀具磨损值进行预测。

　　为了更好地评价模型性能，在前文对模型预测性能的定性分析的基础上，对模型进行定量分析。利用前文介绍的模型评价指标对模型性能进行评估，分别计算平均绝对误差与均方根误差两个代表性指标，将仿真试验结果与已有文献进行对比。文献[15]使用线性回归（LR）、支持向量回归（SVR）、多层感知机器（MLP）、循环神经网络（RNN）、单层长短时记忆神经网络（Basic LSTMs）、深层神经网络（Deep LSTMs），其中LR、SVR、MLP三个模型使用的是专家特征，其他模型使用的是原始信号的时序数据。该文献对MLP、RNN、Basic LSTMs、Deep LSTMs模型分别采用了不同的网络结构对刀具磨损值进行预测，在这里使用最佳的网络结构得到的预测结果与所提出的方法的预测结果进行对比，如表5-27所示，表中加粗部分为最优的模型预测结果。

表5-27　刀具磨损预测方法对比

评价指标	本章方法	LR	SVR	MLP	RNN	Basic LSTMs	Deep LSTMs
MAE(C1)	6.7674	24,4	15.6	24.5	13.1	19.6	8.3
RESM(C1)	8.4429	31.1	18.5	31.2	15.6	23.9	12.1
MAE(C4)	7.2450	16.3	17.0	23.6	25.5	15.6	8.7
RESM(C4)	10.9225	19.3	19.6	18.2	19.7	19.5	10.2
MAE(C6)	8.0781	24.4	24.9	23.6	25.5	19.5	15.2
RESM(C6)	10.9711	30.9	31.5	29.6	32.9	28.9	18.9

由表5-27可知，相比于传统的回归模型、神经网络模型、深度学习模型，本文使用Stacked-BLSTM神经网络对刀具的后刀面磨损值进行预测得到的结果更好，对刀具C1、C6的磨损预测效果都优于其他几种方法，无论是平均绝对误差值还是均方根误差值在对比的模型中都是最小的，只有对刀具C4的磨损预测时的均方根误差略高于Deep LSTMs模型。在所有的模型中LR的预测效果最差，而SVR与MLP等非线性模型的预测效果略优于LR模型。但是它们的预测效果与Stacked-BLSTM模型相比都有很大的差距。由此可见，使用Stacked-BLSTM模型从历史数据与未来数据两个方向综合进行预测的方法具有明显的优势。通过预测的磨损值有助于提前更换刀具，避免造成经济损失，提高生产质量与效率[16]。

首先对Stacked-BLSTM预测模型的实现过程进行介绍，并给出预测模型的具体流程。将得到的结果与已有文献进行对比，结果表明Stacked-BLSTM的刀具磨损预测算法相比于已有文献的方法，对刀具磨损值的预测效果更好。

5.4.3　双向长短期记忆网络在刀具剩余寿命预测中的应用

为了更加准确地监测刀具状态，研究BLSTM在刀具剩余寿命预测中的应用。首先确定BLSTM的刀具剩余寿命预测模型的主要流程，设置BLSTM网络的参数，并进行仿真试验，最后将试验结果与现有方法进行对比，验证BLSTM算法模型的有效性。

剩余寿命预测指的是当设备运行到某时刻 t 时，根据之前时刻的系统运行状态以及传感器采集的数据，预测设备从此时刻 t 到失效时刻 T 间隔的时间，即为设备的剩余寿命。其定义为[17]：

$$T_{\text{RUL}}(t) = T - t \tag{5-12}$$

式中，T 代表设备失效的时刻；t 代表设备当前时刻；$T_{\text{RUL}}(t)$ 代表设备的剩余寿命。

使用Stacked-BLSTM对刀具磨损值进行预测，可以得到预测磨损值随走刀次数变化的曲线，作为更换刀具的依据。为了更加准确地得到更换刀具的时间，需要对刀具的剩余使用寿命进行预测。本章使用BLSTM网络对刀具的剩余寿命进行预测。具体流程如图5-37所示。

① 数据预处理。将数据分为测试集与训练集，并制作相应标签。本章的目的是对刀具的剩余寿命进行预测。所以训练标签和测试标签都为刀具寿命，在PHM2010刀具磨损数据集中，刀具剩余走刀次数可以看作刀具剩余寿命。所以本章的标签为刀具剩余走刀次数。在将时序数据输

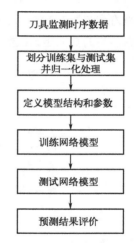

图5-37 刀具剩余寿命预测流程

入到BLSTM网络前需要对数据进行标准化处理，本章仍然使用Z-score[18]数据标准化方法对数据进行预处理，具体的方式如式（5-9）所示。

② 定义网络结构，设置网络参数。包括输入节点、输出节点、隐含层单元数目、全连接层单元数以及为了防止模型训练时出现过拟合现象设置Dropout值。

③ 训练网络。将训练数据输入BLSTM网络，对模型参数进行迭代训练，使损失函数最小化。

④ 测试网络。将测试数据输入训练好的BLSTM网络中，通过BLSTM模型自适应提取刀具特征，并将其输入全连接层，得到全连接层的输出，最后将全连接层的输出作为回归层的输入，得到刀具剩余寿命的预测值。全连接层和回归层的计算过程在第4章已经介绍，此处不再赘述。

⑤ 结果评价。将得到的响应预测值与真实值进行比较，使用预测评价指标对结果进行评估与分析，并与已有方法进行对比。

模型的输入数据仍为第4章中经过数据处理得到的刀具序列数据，即将每

次走刀的样本都分成100段，并将该段中的最大值作为新的时间步的值，因此每次走刀都包含100个时间步，共有315次走刀。在本仿真试验中，将走刀次数近似等价为刀具的寿命，即当刀具后刀面达到磨损阈值时的走刀次数即为刀具寿命，刀具剩余寿命则是当前走刀次数与刀具寿命的间隔，即剩余走刀次数。因此BLSTM模型的输入数据为每次走刀的序列数据，标签为每次走刀后的剩余走刀次数。文献[19]和[20]将刀具磨损值阈值设为150μm。以C1刀具的后刀面磨损值为例，绘制其剩余走刀次数随已走刀次数的变化曲线如图5-38所示，横轴为走刀次数，纵轴为剩余走刀次数。根据数据集中提供的C1刀具后刀面磨损值可知，当走刀次数为第272次时，刀具后刀面磨损值为150.1579μm，因此C1刀具寿命T为272次。刀具的剩余走刀次数为当前走刀次数距刀具寿命T的间隔次数。当刀具的走刀次数为50次时，剩余走刀次数为222次。

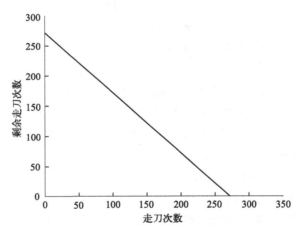

图5-38   刀具剩余走刀次数随走刀次数变化曲线

文献[21]使用深度Dropout前馈神经网络支持向量回归机对刀具的剩余寿命进行预测，同样以其中两把刀的数据作为训练集，另一把刀具的数据作为测试集。并使用均方误差和决定系数对模型进行评价，具体的表达式如式（5-13）和式（5-14）所示，其中$\hat{y}$预测模型的输出，$\bar{y}$为原数据的均值。

$$e = \frac{1}{n}\sum_{i=1}^{n}(\hat{y}-y)^2 \qquad (5\text{-}13)$$

$$R^2 = 1 - \frac{\sum_{i=1}^{n}(\hat{y}-y)^2}{\sum_{i=1}^{n}(y-\bar{y})^2} \qquad (5\text{-}14)$$

输入数据共包含切削力、振动和声发射信号七种特征，因此BLSTM网络的输入节点设置为7，即监测数据的特征维数为7。研究的目的是预测刀具剩余寿命值（剩余走刀次数），因此，模型的输出节点为1，即将刀具剩余走刀次数作为标签。设置模型参数如表5-28所示。

表5-28　剩余寿命预测模型参数

设置参数	参数值
输入特征维数	7
BLSTM隐含层节点数	100
全连接层节点	150
输出层节点数	1
初始学习率	0.01
迭代次数	100
Dropout	0.4
批处理样本数目	150

文献[10]分别使用支持向量回归机和Dropout深度前馈网络预测刀具的剩余寿命，从刀具监测信号中提取时域、频域和时频域特征，并且以任意两把刀具的数据作为训练集，三把作为测试集。将预测结果与已有文献的方法进行对比，对比结果如表5-29所示。

表5-29　BLSTM方法与现有文献剩余寿命预测结果对比

测试集	预测方法	e	R^2
C1	**BLSTM**	**275.7548**	**0.9630**
	支持向量回归机	918.7537	0,8853
	Dropout深度前馈网络	102.7341	0.9870
C4	**BLSTM**	**142.2045**	**0.9806**
	支持向量回归机	971.7520	0.8685
	Dropout深度前馈网络	47.6279	0.9936
C6	**BLSTM**	**83.6261**	**0.9845**
	支持向量回归机	2073.1102	0.6341
	Dropout深度前馈网络	432.4103	0.9237

表中加粗的数据为本章提出的模型剩余寿命预测结果。可以看到BLSTM网络在三个测试集的预测结果都优于支持向量回归机方法，对C1、C4刀具的剩余寿命预测的均方误差值略高于Dropout深度前馈网络的预测结果，而对C6的剩余寿命预测的均方误差值远低于Dropout深度前馈神经网络的预测结果。在三个测试集上的决定系数都大于0.96，说明所提出的方法可以很好地预测刀具的剩余寿命。

图5-39～图5-41给出三把刀具的剩余寿命预测曲线，从图中可以发现预测曲线和真实寿命曲线具有相同的走势，尤其在刀具失效前的预测都实现了提前

预测，同时也说明了使用BLSTM网络可以较好地预测刀具的剩余寿命。当以刀具C4和C6为训练集，刀具C1为测试集时，模型在前期的预测效果很好，在中后期预测结果略有偏差，但是预测曲线与真实曲线的总体趋势相同；以刀具C1和C6的监测数据作为训练集，C4刀具监测数据作为测试集时，预测曲线和真实曲线略有差异，在磨损初期与后期模型的预测效果较好；以刀具C1和C4的监测数据为训练集，C6刀具的监测数据为测试集时，模型的预测值在真实值附近上下波动，尤其在磨损后期预测曲线与真实曲线的误差很小，基本吻合。

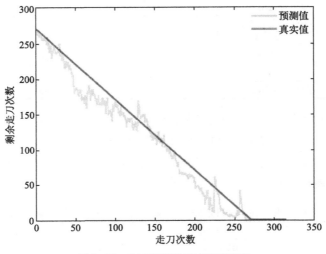

图5-39　C1刀具剩余寿命预测模型

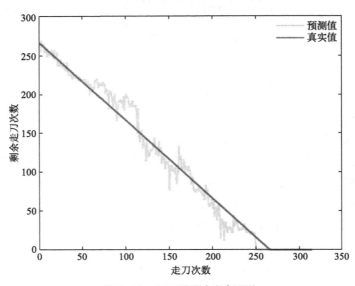

图5-40　C4刀具剩余寿命预测

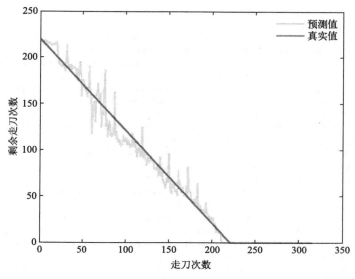

图5-41 C6刀具剩余寿命预测

综上所述，研究使用的方法相较于Dropout深度前馈网络的预测结果略有不足，提出的刀具剩余寿命预测模型仍有进步空间。经分析，输入数据量与模型参数都会对模型预测结果产生影响，每次走刀都包含100个时间步，还有继续增加的空间，尽管如此使用该模型的决定系数均大于0.96，证明模型可以很好地预测刀具的剩余寿命。研究从监测信号的时序数据出发，使用BLSTM网络综合历史时序数据和未来数据的信息对刀具剩余寿命预测，相比于Dropout深度前馈网络模型，无需使用信号处理技术提取监测信号中的特征，减少了人工对特征提取和剩余寿命预测结构的影响，在监测数据日趋庞大的时代更具应用前景。

5.4.4 小结

BLSTM的刀具剩余寿命预测模型可以很好地从监测信号的原始时序数据中提取特征，对刀具剩余寿命进行预测。该方法不依赖过多的专家经验和复杂的信号处理技术，减少了人工对特征提取和剩余寿命预测结果的影响，充分利用了BLSTM网络的特征自适应提取能力，在监测数据量日趋庞大的时代具有很好的应用前景。

参考文献

[1] Nectoux. P., Gouriveau. R., Medjaher. K., et al. An experimental platform for bearings accelerated degradation tests[J]. IEEE International Conference on Prognostics and Health Management IEEE, 2012, 1-8.

[2] Kumar. S., Felix. L., Marcus. L. A Comprehensive guide to Bayesian Convolutional Neural Network with Variational Inference[J]. arXiv preprint arXiv: 1901. 02731. 2019.

[3] 季文强. 基于深度学习和不确定性量化的数据驱动剩余寿命预测方法研究 [D]. 中国科学技术大学, 2020.

[4] The MNIST data set is available at. http://yann.lecun.com/exdb/mnist/index.html

[5] Wang. B., Lei. Y., Li. N. A hybrid prognostics approach for estimating remaining useful life of rolling element bearings[J]. IEEE Trans Reliab 2018; 69(1): 401–412.

[6] Li X L B, Zhou Jh. Fuzzy neural network modelling for tool wear estimation in dry milling operation[C]. Annual Conference of the Prognostics and Health Management Society, 2009.

[7] 王晓强. 刀具磨损监测和剩余寿命预测方法 [D]. 武汉: 华中科技大学, 2016.

[8] 刘小勇. 基于深度学习的机械设备退化状态建模及剩余寿命预测研究 [D]. 哈尔滨: 哈尔滨工业大学, 2018.

[9] 葛强强. 基于深度置信网络的数据驱动故障诊断方法研究 [D]. 哈尔滨: 哈尔滨工业大学, 2016

[10] 黄承赓. 基于监测大数据的产品剩余寿命预测方法研究 [D]. 成都: 电子科技大学, 2019.

[11] Wei Z, Peng G, Li C, et al. A new deep learning model for fault diagnosis with good anti-noise and domain adaptation ability on raw vibration signals[J]. Sensors, 2017, 17(3): 425.

[12] Shao S, Stephen M A, Yan R, et al. Highly accurate machine fault diagnosis using deep transfer learning[J]. IEEE Transactions on Industrial Informatics, 2018, 15(4): 2446-2455.

[13] Shuai Z, Ristovski K, Farahat A, et al. Long Short-Term Memory Network for Remaining Useful Life estimation[C]. 2017 IEEE International Conference on Prognostics and Health Management (ICPHM), 2017

[14] Srivastava N, Hinton G, Krizhevsky A, et al. Dropout: A Simple Way to Prevent Neural Networks from Overfitting[J]. Journal of Machine Learning Research, 2014, 15(1): 1929-1958.

[15] Zhao R, Wang J, Yan R, et al.: Machine Health Monitoring with LSTM Networks, 2016 10th International Conference on Sensing Technology, 2016.

[16] Van Der Maaten L, Hinton G. Visualizing data using t-SNE[J]. Journal of Machine Learning Research, 2008, 9: 2579-2605.

[17] Jardine A K S, Lin D, Banjevic D J M S, et al. A review on machinery diagnostics and prognostics implementing condition-based maintenance - ScienceDirect[J]. Mechanical Systems & Signal Processing, 2006, 20(7): 1483-1510.

[18] Zheng S, Ristovski K, Farahat A, et al.: Long Short-Term Memory Network for Remaining Useful Life Estimation, 2017 Ieee International Conference on Prognostics and Health Management, 2017: 88-95.

[19] Lin M, Chen Q, Yan S. Network In network[J]. Computer Science, 2013.

[20] Srivastava N, Hinton G, Krizhevsky A, et al. Dropout: a simple way to prevent neural networks from overfitting[J]. Journal of Machine Learning Research, 2014, 15(1): 1929-1958.

[21] Wei Z, Li C, Peng G, et al. A deep convolutional neural network with new training methods for bearing fault diagnosis under noisy environment and different working load[J]. Mechanical Systems & Signal Processing, 2017, 100(FEB.1): 439-453.

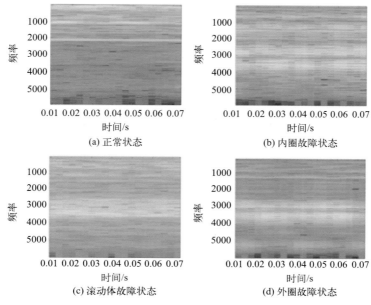

(a) 正常状态

(b) 内圈故障状态

(c) 滚动体故障状态

(d) 外圈故障状态

图2-3　短时傅里叶变换时频图

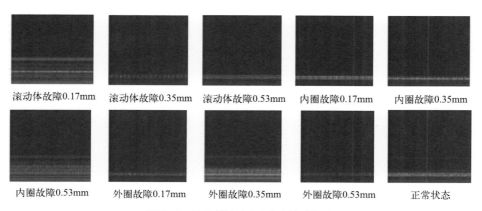

滚动体故障0.17mm　　滚动体故障0.35mm　　滚动体故障0.53mm　　内圈故障0.17mm　　内圈故障0.35mm

内圈故障0.53mm　　外圈故障0.17mm　　外圈故障0.35mm　　外圈故障0.53mm　　正常状态

图2-4　10种故障状态下的小波时频图

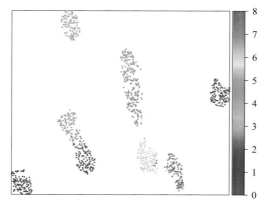

图2-21　t-SNE特征可视化

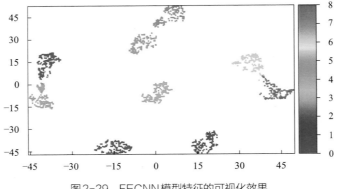

图2-29 FECNN模型特征的可视化效果

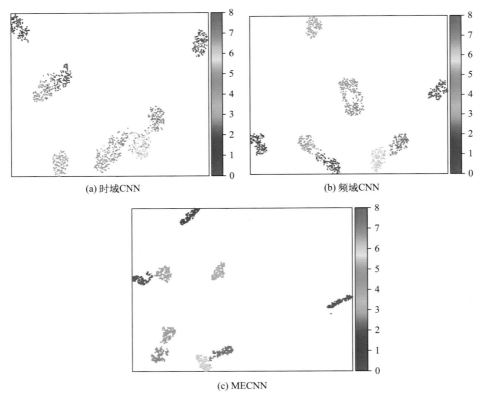

(a) 时域CNN

(b) 频域CNN

(c) MECNN

图2-36 t-SNE对比图

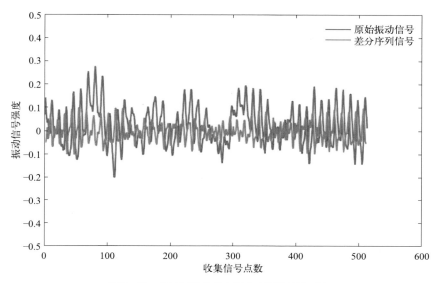

图2-38 原始振动信号和差分序列信号的对比

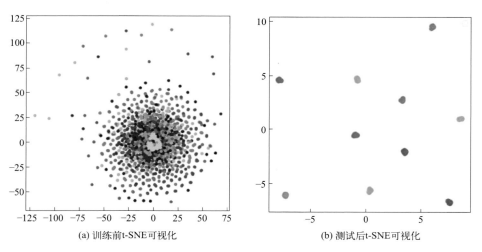

(a) 训练前t-SNE可视化

(b) 测试后t-SNE可视化

图2-48 t-SNE可视化

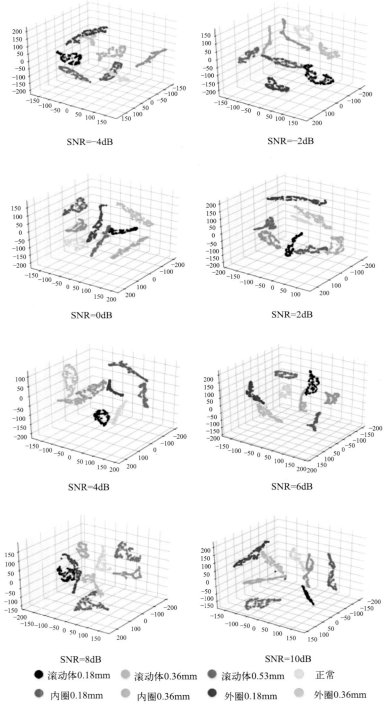

图3-27 S-LWRCNN 模型在不同噪声环境下的分类可视化结果